相克のイデア

マツダよ、
これからどこへ行く

前田育男
仲森智博

日経BP

マツダよ、
これからどこへ行く

相克のイデア

前田育男
仲森智博

日経BP

イデア【idea　ギリシア】

（もと「見られたもの・形・姿」の意）
プラトン哲学の中心概念で、感覚的個物の
純粋な本質・原型。
また、永遠不変の価値として人間の価値判断の
基準となる。
近世以降は観念・理念の意に転じた。
（『広辞苑 第七版』岩波書店）

目次

マツダよ、これからどこへ行く

相克のイデア

contents

撮影:山本祥 提供:マツダ

画像:Getty Images/Bloomberg

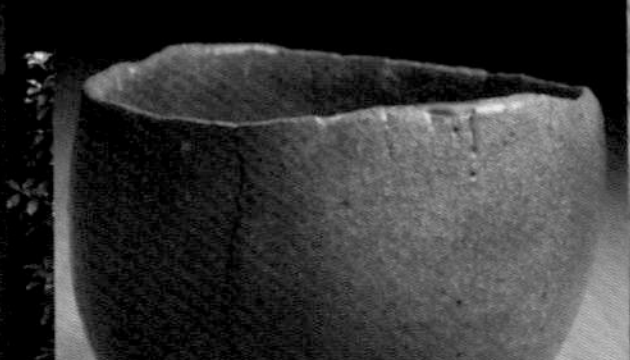
撮影:畠山崇 協力:小学館

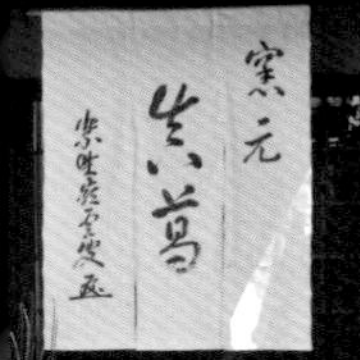
撮影:栗原克己

まえがき

前田育男

ここまで深い話をしたことは、かつてなかったかもしれない。例えば、雑誌などのインタビューでも、ここまで時間をかけて、じっくり話をすることは少ないし、心の底をえぐり取られることも多くはない。

ところが今回は、まったく違った。「相方」である仲森には、遠慮というものが一切ない。そもそも、単に聞いてくるということがない。対談形式で話をしていても、一貫して「自分の考えはこうなのだが、前田は?」と迫ってくる。「マツダのエンブレムってよくないって思うんよ、何で変えないの」みたいなことを平気で聞いてくるのである。う〜ん、となりながらそれに答えれば、さらに「なぜ」とか「具体的には」と突っ込んでくる。結果として、深く自分、そしてマツダを見つめ直し、普段は話さない本音のところまで隠さず話すことになってしまった。本書は、その全記録である。

このような事態になってしまったのには、明確な理由があった。あえて仲森と呼び捨てにさせてもらったが、彼は中高一貫校の同級生なのである。特に親しくしていたということはないかもしれない。ただ、人格が形成される大事な6年間を共にしてしまったという体験は、何やら特別な関係性を知らないうちに築かせてしまうものらしい。さらにその関係性に付け加えるとすれば、同じ学年で、美術系大学の志望者は、この2人だけだったということだ。実技試験に備え、高校3年生のほぼ1年間、美術教師から特別指導を受けたのだが、同学年で自分以外には仲森だけが同じことをしていた。結局、彼は受験に失敗しそちらの道をあきらめたので、そこは私の「勝ち」であるのだが。

ただ、この無遠慮な企画が、不愉快なものであったかといえば、それは全くない。逆に、とても幸せな時間であった。そして、私自身の思考の引き出しは確実に増えた。大きかったのは、1年半ほどの時間をかけて、普段はお会いできないような、様々な分野の方たちを訪ね、仕事を見せていただき、かつ語り合うことができたことだ。

その多くは、伝統工芸や美術の世界の第一線で活躍される方々たちだった。こうした方たちと触れ合う中で、私は驚きとともに大きな発見をした。突き詰めれば、みな同じ悩みを抱えているということだ。先人たちが作り出した名作にどのようにしたら迫れるのか、日本の美意識をどのように海外に発信していくのか、積み重ねてきた技や知見をどのように次世代に伝えていくのか、そして、その探求ともいえる行為をどう今日の経済原理のなかで成立させていくか。それを本書のテーマに沿って言い直せば、伝統と革新、不易と流行、マスとニッチ、ローカルとグローバル、合理と無駄といった、二項対立のなかで生まれる相克、ということなのだろう。

例えば、自身の中には常に、企業人として「やるべきこと」と、1人のデザイナーとして「やりたいこと」の間で、どのように折り合いをつけるべきかという葛藤がある。カーデザイナーという仕事に身を投じて以来、ずっと心の中に抱き続けてきた問いともいえる。その同じ悩みを、多くの方たちが漏らしてくれた本音の中から、ひしひしと感じることができた。そして、その永遠のテーマに関して、いくつかのヒントもいただけたと思う。

この企画が持ち込まれたのは、ちょうど「魂動デザイン」を標榜し始めてから登場したマツダ車のモデルチェンジが一通り終わり「2巡目」に入るタイミングだった。

2009年にそれまでのフォード主導の経営体制が終わり、マツダのデザイン部門の責任者となって以来、「魂動《こどう》」というコンセプトのもと、デザインを統一性のあるものへと変革しようと邁進してきたつもりだ。「最近のマツダ、いいね」という声も耳にし始めていたし、国際的な賞をいくつかいただくことができ、売り上げも好調を維持していた。自分の中でも、デザインでマツダというブランドのアイデンティティを新たに打ち出すという目標が、ある程度は達成できたのではという手応えを感じ始めていたころだった。

その手応えは、達成感や安堵ではなく、重責となって自分にのしかかってきた。第一歩は、まずうまく踏み出せた。そうなると、大事なのは次だ。「2巡目」では、マツダブランドの雰囲気や匂いをさらに際立たせていかなければならない。そのために、この周回でどこを壊して、どこを守っていけばいいのか。そのことで日々悩み抜いていた時期だったのである。

その後、今回の企画による対談や鼎談が、まずは『ものづくり未来図』でのコラム連載というかたちで公開され始めた。時を同じくして、MAZDA3やCX-30といった新世代商品群の第1弾、第2弾が世に出ていった。それらがどのように評価されるのか。不安と期待が入り交じり、なぜか意味もなく過去を振り返ってみたり、あらぬ将来を夢想してみたりと、実に不安定かつ悩ましい日々だった。こうした時期だったからこそ、真に「一流」と呼べるような方々のお話は心に染みた。その時間は、つかの間の楽しみでもあり、慰めでもあった。そして、いくつもの示唆と勇気をいただいたと思っている。

そして、この長い旅の最後に、改めてこの問いを投げかけられた。

「マツダよ、これからどこへ行く?」

一言ではとても語れないし、常に問い直し続けなければならないテーマだとも思う。

新型コロナウイルスが猛威を振るい、世界の情勢は大きく変化しようとしている。「この災害は、既成概念や既得権益などの壁を打ち崩し、未来を加速させる」と仲森は言う。その通りかと思う。これまでも経済、そして社会は変化を続けてきた。その中で「クルマはどのような存在であるべきなのか」ということもまた変化し続けてきた。その流れが加速していくということは、クルマのあるべき姿も急激に変わっていくということだ。しかも、その「あるべき姿」は、1つではない。その中で、私たちが果たすべき役割を見つけていかなければならないのだ。

そうであっても、揺らいではならない部分はある。〝Be a driver〟というスローガンに込めた私たちの思いや、「魂動」というコンセプトの根底にある「クルマが好きな方々が、心の底から愛してくれるものづくりを」という思いがそれだろう。カーデザイナーとして徹底的に「格好良さ」を突き詰めたクルマをつくりたい、という私個人の思いもなくなることはない。

ただ、緊迫した状況になったときにこそ、人が根源的に求めるものが炙り出されてくる。それは「安心」や「平和」であり、究極的には「愛」という言葉に集約されるのだと思う。そして、そういった人の願いにどこまで寄り添ったものづくりができるかを、私たちは求められているのではないか。そうであれば、「人」に対してどのような企業であるかという姿勢を明確にすることこそが、これまで以上に大切になってくるだろう。

対談の中で「クルマは人が愛情を注ぎ込みたくなるような『愛の受容体』であり続けてほしい」と仲森に言われたことがある。それはまさに、クルマのコモディティ化が世界的に進む中、マツダが試行錯誤を繰り返して目指してきた「クルマ」の姿そのものだ。

さらに進んで、クルマが、それを介して、人と人の心までもがつながるようなものに、あるいは、もっと人に近い、まさに「魂動」を感じられるようなものになり得るのか。これから「クルマ」をその高みにまで、引き上げられるか、どうか。マツダというブランドは、そこを問われていくのではないか。

今回お会いした「美」の担い手たちは、どなたも、自ら信じるものに対し、本気で「突き詰める」ことを続けておられた。どんなことでも、突き詰めていけば「悩み」は増える。そしてどうにか乗り越えたと思えば、また新たな悩みが生まれる。試行し、時には錯誤しながら、前に進もうとする方たちに接することで、私は共感し、感動しながら、自らが抱える課題に改めて向かい合っていく力をいただいた。

私が受け取った、この共感と感動と勇気を読者の方たちに共有していただくことができれば、というのが私の望みである。ここには、口当たりのいい「答え」は用意されていないかもしれない。その代わり、多くの方が抱いているであろう悩みや葛藤の本質を見つめ直し、思わぬ気づきを与えてくれるヒントが随所に散りばめられている。本書が、それを探る「思考のスイッチ」を入れるキッカケになれば、これに勝る喜びはない。

2020年5月

第1章

たまらぬものなり

第1章 たまらぬものなり

一時は経営危機に陥った広島の自動車メーカーは、新世代技術「スカイアクティブテクノロジー」とデザインテーマ「魂動《こどう》」を両輪に、全車種のラインアップを一新、世界市場で人気を獲得し見事な復活を遂げた。

前田育男。マツダの革新をデザインで引っ張ってきた人物だ。「ＲＸ-８」や３代目「デミオ」といった名車のデザインを手掛け、２００９年にデザイン部門のトップに立つや、デザインプロセスを大胆に変革、「魂動」コンセプトの下、生命感あふれるデザインのクルマを生み出してきた。現在は常務執行役員デザイン・ブランドスタイル担当を務め、マツダを「豊かな」ブランドにするべく疾走を続ける。

その革新者に聞くのは、仲森智博。広島で育ち、中学、高校時代は、前田と同級生だったという人物。

「それにしても仲森は、あのころとちっとも変わらんねぇ」

思い出話も交えながら紡がれるホンネの対談は、のっけから熱くなっていく…。

仲森　久しぶりに会ったわけだし、まずはリップサービスからね。最近、クルマ好きの人と話していると「最近のマツダいいよね」って言われることが実に多い。特にデザインがいいと。広島で育った者としては何やらうれしくなってしまうわけだけど、張本人である前田からすればどう？

前田　やっぱり、それは純粋にうれしいよ。特に「マツダ」ってところがね。少し前だったら、例えば「RX-7いいよね」みたいに、特定の車種を指して褒めていただくことはあったけど、「マツダ」とはなかなか言ってもらえなかったから。

仲森　もちろん、その変化にはワケがあるよね？

前田　あるある。2010年に「魂動デザイン」というテーマを設定して、マツダとして統一性のあるデザインを考えるように変えたから。ブランド戦略を考えてそう変革した。その成果が「マツダいいよね」という言葉に集約されていると思う。

仲森　ブランドとしてのアイデンティティを際立たせたいという思いは、日本の他のメーカーだって強烈に持っているはずだけど、成果を出しているところは少ないんじゃないかなぁ。なのに、なぜマツダにはできた？

前田　いい意味で、開き直ったから。

1996年からしばらくの間、フォードグループの傘下に入っていたころは、マツダのブランドの方向性はフォードが決めていたんだ。ところが2008年のリーマンショックの影響で経営危機に陥ったフォードが、経営の主導権を手放した。再び独り立ちすることになって「自分たちがどういうブランドなのか」という原点を、改めて考え直さなければならない立場に置かれたんだ。そのとき「マツダの世界シェアは2％程度。それなら最大公約数を狙うのではなくて、ファンの方たちが心底愛してくれるものづくりをしよう」、つまりクルマ好きのコアな方々に向かって、ものづくりをしようと腹をくくった。

2009年に僕がデザイン本部長になってやったことの1つは、一般ユーザーにプロトタイプの感想を聞いて製品に反映させる「市場調査」をやめること。「マスに嫌われないようなデザインを」といった受動的な姿勢でいる限り、ブランドのアイデンティティは確立させられないから。経営状況がひっ迫していて、これから先、生きるか死ぬかも分からないんだったら、マツダの哲学を明確に打ち立てて世に問うてみようと。まあ、あのときは開き直るしかなかったのかもしれないね。個人的には、危機感に加えてフォード傘下時代に自分たちだけでブランドをつくれなかったフラストレーションが、マグマのようにたぎって、ついに爆

前田育男

マツダ　常務執行役員
デザイン・ブランドスタイル担当

1959年生まれ。修道中学・高等学校、京都工芸繊維大学卒業。1982年にマツダに入社。横浜デザインスタジオ、北米デザインスタジオで先行デザイン開発、FORDデトロイトスタジオ駐在を経て、本社デザインスタジオで量産デザイン開発に従事。2009年にデザイン本部長に就任。デザインコンセプト「魂動」を軸に、商品開発、ショースタンドや販売店舗のデザインなど総合的に推進するプロジェクトをけん引した。2016年より現職。仲森智博氏とは、中学・高校の同級生。

（撮影：栗原克巳）

発した感はある。

仲森　マツダというブランドが1つのイメージとして捉えられるようになったのは、ブランドカラーを「赤」にしたことも大きいように思う。あの、独特の赤。あれを見ると「あ、マツダだ」って思う。でも、なんで赤？

(撮影：栗原克巳)

仲森智博

TSTJ 代表
早稲田大学研究院客員教授

1959 年生まれ。修道中学・高等学校、早稲田大学理工学部卒業。1984 年沖電気工業入社、基盤技術研究所にて結晶成長の研究などに従事。1989 年日経 BP 社入社、日経メカニカル（現日経ものづくり）編集長、日経ビズテック編集長、日経 BP 未来研究所長などを経て 2019 年から現職。『思索の副作用』、『自動運転』（共著）など著書多数。日本文化、伝統工芸の分野での仕事も多く、「技のココロ」（連載、共著）、『日本刀―神が宿る武器』（共著）などの書籍、記事がある。前田育男氏とは、中学・高校の同級生。

前田　それは、カープが赤だから。

仲森　ほんま？

前田　ほんま（笑）。というか、それもないではないということだね。実は、最初は違う色も候補にあったんだ。マツダのロゴに使ってる「マツダブルー」、あの青系の色も考えた。でも、過去のヒット作を振り返ると、赤のファミリア、赤のMPV、赤のロードスター、赤のRX-8みたいに、なぜか「赤いクルマ」が多かった。さらに言えば、マツダとして表現したいパッションや生命感、情熱といった要素もそこに込めたかった。そうなると青じゃない。赤。わりとすんなり決まった。そこからさらに模索して、フォルムの陰影を的確に表現できるメリハリの利いた「ソウルレッド」という独自の色にたどりついた。

仲森　そういえば友人が「カープのヘルメットの色がいつの間にか微妙に変わった、そして変わってからは、いつもぴかぴか輝いている」って言っていた。あればマツダのクルマの色に違いないって。ほんまなん？

前田　そうそう、実はあのヘルメットの色は、マツダのデザイン本部でつくったんだよ。ただ、クルマで使う「ソウルレッド」の赤とはちょっと違う。カープ向けのスペシャルカラー。選手がフィールドに立ったときに、ちゃんとソウルレッドに見えるようにチューニングした。

仲森　なるほど。「カープ女子」が話題だけど、野

ソウルレッドクリスタルメタリック　（写真提供：マツダ）

球観戦しながら「そういえば、赤ヘルってマツダのクルマみたいじゃない？」「ほんとだ、赤ヘルは最高だけど、マツダのクルマもいいよね」とか話しているかも。

前田　そう、色はブランドの哲学を表現する上で、とても大切な要素だからね。

仲森　ちょっと話題をクルマ全般に広げたいのだけど、最近、個人的に「どうだ、格好いいだろう」って気張りすぎているデザインのクルマが増えてきたように感じているんだ。

クルマに限らず、ハイブランドの商品なんかにも「このデザイン、すごいだろ」って気張りすぎていて、見ている方が気恥ずかしくなるようなのがね。そういうの見るたびに、「イタい」って感じてしまうんだけど、前田はどう？

（撮影：山本祥　写真提供：マツダ）

前田　確かにあるね。世間では「クール」とされるデジタル的でエッジーなものの中に多いかもしれない。カッコいいと気張っているかどうかは分からないけど、結局そういうデザインは、足して、足して、足して、足し算のデザインだと思う。よく冗談で「インスタントに5分でつくれるデザインだよね」と話しているんだ。要するに、試行錯誤のない、練り込まれていないデザイン。

じゃあ闇雲に練り込めばいいのか、という話でもない。僕は、デザインはやっぱり人の手で練り込んでいくべきなんだと思う。時間をかけて人の手で作り上げたものには、つくり手の愛情が入って、奥深く、優しさのあるデザインになると信じているんだ。いわばデザインのデジタル・デトックスだね。

マツダは、社員たちが自社のクルマを愛称で呼ぶような社風。社内で至上とされている褒め言葉は「変態」だけど、まさに変態ばかりが集まっている会社（笑）。そんな自分たちにとってクルマとは、単なる商品や製品じゃない。相棒であり、恋人であり、家族であり、パートナー。クルマを命あるものとして捉えて、愛情を持って自らの手で練り込んでいくことこそ、魂動デザインの基本。そうやって人間が練り込んだデザインには「イタさ」なんて感じないはずなんだけど。

多くの人に嫌われないようにと考えれば、いろいろな要素を詰め込みたくなる。その結果、あれこれ「足した」デザインになる。自分たちは、その反対の方向、日本古来の「引き算の美学」みたいな美意識を目指したいんだ。

仲森 「ビジョンクーペ」（2017年に発表したコンセプトモデル）は、その象徴ということ？

前田 そう。ビジョンクーペのデザインテーマは「光をつくる」こと。光の当て方を少し変えるだけで、ボディーの表情がどんどん変わっていくような、微妙な陰影を表現したかった。

実は、この「光」をつくるだけで2年もかかってしまった。そもそもクルマのデザインを決めるフォルミングはクレイモデルでやるから、実物の鉄板みたいには光らない。だからマツダが誇るクレイモデラーたちでも、実物にしたらどう光が反射するかまでは詳細には把握できないんだ。だから、ギブアップ寸前まで追い詰められた。

そこで導入したのがコンピューター・シミュレーション。クレイモデルを3Dデータに落とし込んで、光を当てるとどうなるかを確認する。そこで出てきた結果をもとにして、またモデラーがクレイモデルを作っていく。この作業を延々と繰り返していって、ようやくデザインの細部が研ぎ澄まされていった。手仕事に重きを置いて、必要な場面でコンピューターをサポートとして使うことで、日本の美意識を反映した、デリケートなフォルミングが実現できたと思う。

仲森　お茶の世界での話なんだけど、茶碗の最高峰といわれるものの1つに「乙御前《おとごぜ》」というやつがある（スマホで画像を見せる）。日本美術史上最高の芸術家の1人と言われる本阿弥光悦の代表作。

前田　わぁ、いいねぇ。

マツダ ビジョンクーペ　（写真提供：マツダ）

仲森　欠けやゆがみもあって、自然な「やれた」味わいがある。ところが何年か前、光悦の茶碗を集めた展覧会に、同じような欠けやゆがみがある「類品」がいくつか展示されていたんだ。つまりこの味わいは偶然に生まれたものではなかった。人為的な計算の極致として生まれたものだったというわけ。

前田　自然な風合いに見えるけど、よく観察していくと計算し尽くされたバランスを保っ

ているとことに気づく。そういうものこそデザインの1つの理想だと思うな。

仲森　某伝説的な茶人は乙御前を見てただ一言、「たまらぬものなり」と評したらしい。まさに具体的にどう、あそこがどうというのではなく、言葉にしがたい魅力があるということだよね。

前田　分かるなぁ。ぼくもフリーハンドで作った金型を使って、左右非対称のフォルムを持ったクルマを世に送り出したい、と夢想することがあるんだ。でも、開発に300億円かけて100万台を売るクルマに、茶碗のような「ゆるさ」を取り入れるのはかなり難度が高い（笑）。そもそも今のクルマには、相当進化したデバイスが入っているから、その分デザインの自由度は低くなっているわけだし。

仲森　確かに、クルマである以上、機能は犠牲にできない。

前田　それでも「たまらぬ」と評価されるようなクルマをつくることは、いつか到達したい目標だよね。ビジョンクーペもショーの後に「ずっと見ていても飽きない。立ち去る時『ああ、日本だな』と思った」などという感想をいただいた。そういった明確に「どこがいい」と言葉に変換しきれないような魅力も評価されたから、2018年の国際自動車フェスティバルでの「モスト・ビューティフル・コンセプトカー・オブ・ザ・イヤー」を受賞できたのかなと思う。

仲森　確かに、ビジョンクーペには何とも言葉では表現し難い、不思議な魅力があるよね。

前田　そうでしょ？　それはもう、とことんこだわったから。ボディーに周りの環境をどう映しこむか、そこにどうすれば生命感を仕込めるか、という明確な意図を持ってフォルムを描い

本阿弥光悦 作「赤楽茶碗 銘 乙御前」（個人所蔵） （撮影：畠山崇　協力：小学館）

（写真提供：マツダ）

た。光にすごく敏感に反応する「匠塗《たくみぬり》」と呼ぶ独自の塗装も開発した。こうして、あらゆる環境に溶け込めるようにしたんだ。

仲森　日本のショールームにあるときと、ヨーロッパの街角にあるときでは、表情が全く違って見えて、しかも自然に周囲に溶け込むということ？

前田　そうそう。やっぱり、そこまで考えないとね、デザイナーなんだから。

第2章

「攻め」と「自己抑制」

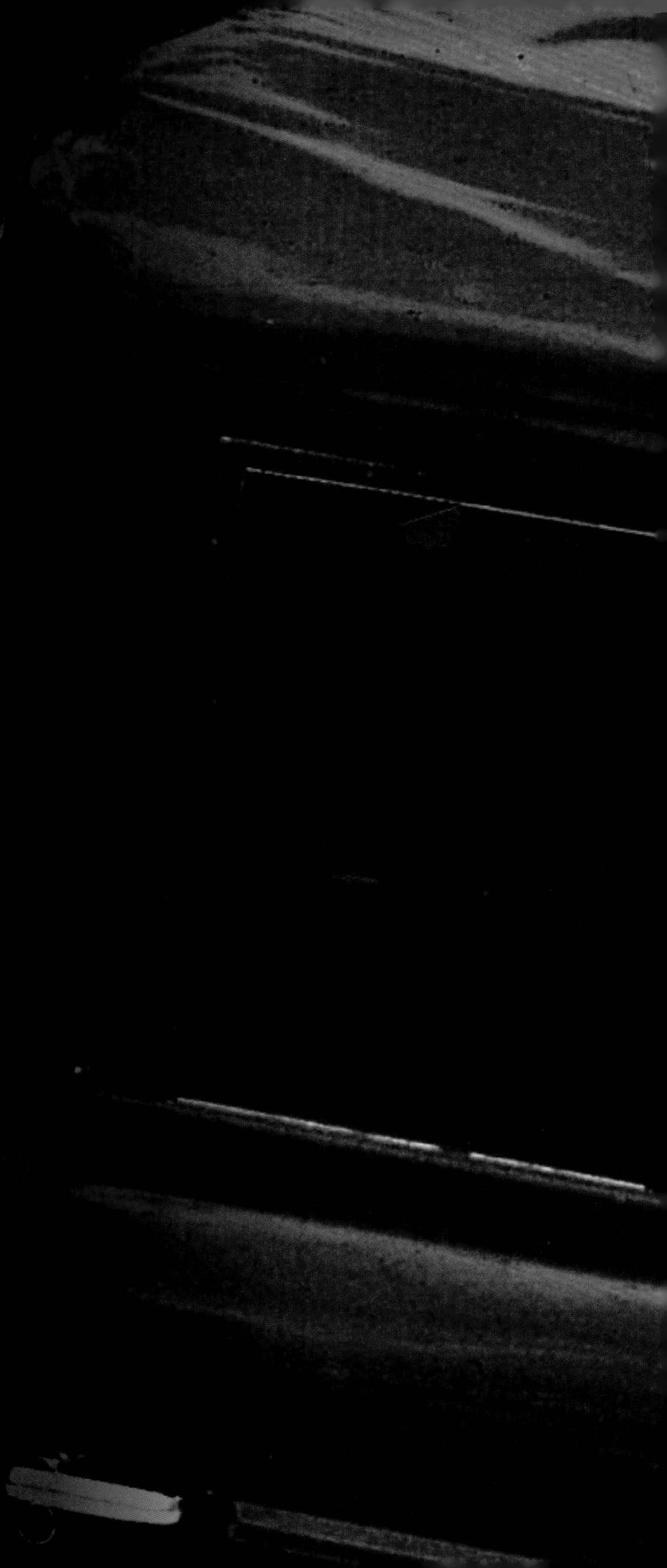

第2章 「攻め」と「自己抑制」

マツダの快進撃をデザインで引っ張ってきた人物、前田育男が語るデザイン論。「足し算と引き算」「人為と偶然」といったテーマで白熱した前章に続き、本章も往年の名車の話から「普遍美と時代性」「企業風土と地域文化」と、議論はさらに深化し、盛り上がりを見せていく。

「今のクルマのテクノロジーは、当時と比較にならないくらい進化している。早いし、楽だし、壊れないし、安全。でも『クルマとしての魅力は?』と問われると、考え込んでしまう」

数々の賞を受け、「マツダのデザイン」の評価がかつてなく高まる状況にあっても、前田は決して満足しない。

そんな彼を前に仲森がこんなことを言い出した。「あのエンブレム、変えちゃえば」と。「銀色で、楕円に頭文字。新興メーカーを含めて、すごく一般的なパターンだよね。歴史や文化を感じられない」というのが不満らしい。

さて、その「暴言」に対して前田はどう切り返すか。

仲森　前田は、大学生から今に至るまでモータースポーツを趣味にしている筋金入りの「クルマ好き」だよね。個人的に好きなクルマって何？　マツダ以外で（笑）。

前田　今乗っているのは別のクルマだけど、好きなのは、「ジャガー・Eタイプ」[注1]や、「アルファロメオ ジュリアTZ2」[注2]かな。総じて1960年代前後のクルマになるね。

仲森　いわゆるクルマ好きの人たちに聞くと「60年代のクルマが最高」って答えが返ってくること多いよね。

前田　確かに、そう言う人が多い印象はある。カーデザイナーとして一番悩ましいのは、あの時代のクルマを超えられないこと。自分だけじゃなくて、今のカーデザイナーはおしなべてあの時代の人たちを超えられていないんじゃないか。そう感じているからこそ、現代のテクノロジーを搭載した上で「ぬくもり」のあるデザインのクルマをどうしてもつくり出したいって思う。当時のクルマは、職人がフリーハンドで鉄板をたたき出したりしているから、左右非対称だったりもする。前にも言ったけれど、そんな「ゆるい」フォルムの質感を完璧に再現したいと思っているんだ。

仲森　前田はすごいなぁ。60年代に負けてるって素直に言えるところがすごい。日本の自動車メーカーの人たちに聞くと、本心はともかく、絶対にそれは認めない。過去のクルマを今のク

注1）　1961年から1975年の間に製造されたスポーツカー。特に初期モデルは、スタイリングの美しさが高く評価される。
注2）　1965年に12台のみ生産されたレーシングスポーツカー。

ルマより高く評価するってタブーなんかな、なんて思ってたんだけど。

前田　それは意外。

仲森　けど、先端技術が当たり前の時代に、ローテク時代の雰囲気を再現するのって、どの分野においても難しい挑戦だと思うけれど、できそうなの？

前田　できると思う。でも、勇気はいるね。今のクルマのデザインは、クレイモデルでフォルミングして、樹脂でハードモデルにしてと、いくつかの段階を踏んで固めていくんだけれど、当時のクルマが持っている独特の雰囲気を出すためには、その精密なプロセスから思い切って外れる勇気が必要。例えば、当時の職人みたいに、自分たちの手で鉄板をたたいてモデルを作っていくとか。そういった非効率さや無駄さをいとわずに作り上げていけば、あの言葉にしがたい、ゆるさを持ったデザインのクルマができると思う。

　実は、ちょっと前に発表したコンセプトカー「ＲＸビジョン」（２０１５年発表）や「ビジョンクーペ」（２０１７年発表）も、職人の手で作った温かみのあるフォルムを追求しているんだ。「足し算」で作られていく安直なデザインへのアンチテーゼだし、「手を使って練り込んでいく」という原点に回帰してクルマをつくっていこうという意気込みを表現してもいる。

仲森　クルマだけじゃなくて、時計とかカメラとかでも、50年代、60年代あたりのものがいいと言う人は多い。どうしてあの時代には、時代を超えて愛されるプロダクトデザインができたんだろうね。

前田　つくり手の思いをそのまま形にできた時代だったからじゃないかな。マーケティングや

ジャガーEタイプ ライトウエイト（写真提供：ジャガー・ランドローバー・ジャパン）

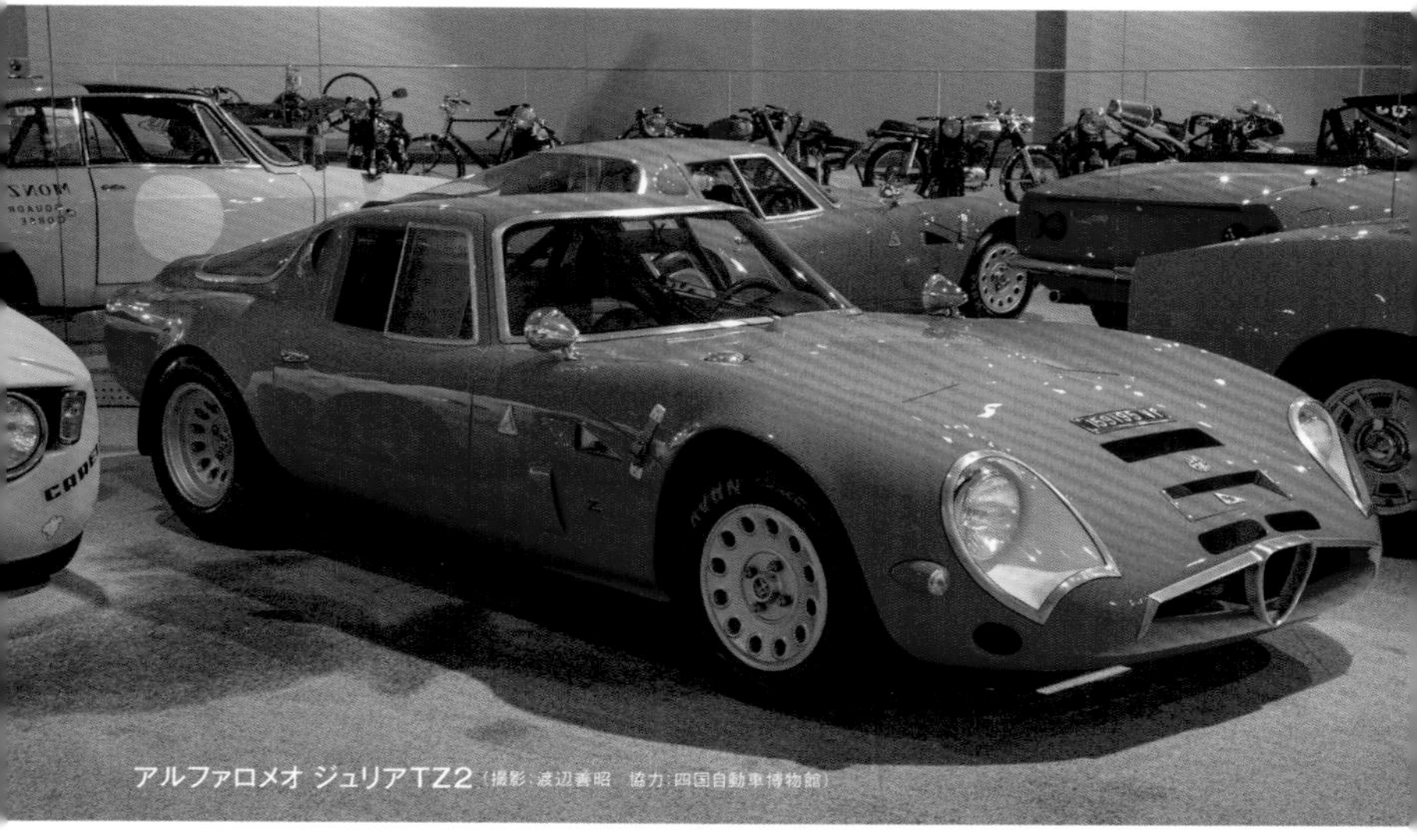

アルファロメオ ジュリアTZ2（撮影：渡辺善昭　協力：四国自動車博物館）

レギュレーションによる細かな制約がなかったからだけど、同時につくり手の志も高かったんだと思う。プロの目から見て、当時のものにはいわゆる「邪念」のないものが多いように感じるんだ。純粋にいいクルマをつくろうと突き詰めて、追い込んで、自身の奥底から絞り出すようにして産み出している感じというか。だからこそ、緊張感がありながら、やさしさのあるクルマができたのではないかと。

今のクルマのテクノロジーは、当時と比較にならないくらい進化している。早いし、楽だし、壊れないし、安全。でも「クルマとしての魅力は?」と問われると、考え込んでしまう。人というのは、「美」の領域に関しては、技術の進化とともに、逆に退化していったりするのかもしれないね。

仲森　クルマを世に送り出すということの社会的責任は、当時と比べてものすごく大きくなっているはずで、それもあってデザイン上の制約も多くなっているという側面はあるんだろうね。それともう1つ、時代を超えて評価される「美」、前章の乙御前のような「たまらぬ

左／RXビジョン
右／ビジョンクーペ
(写真提供：マツダ)

もの」の生み出し方って、すごく属人的で、次代に伝えるのがえらく難しいんじゃないかとも感じる。それが、60年代を超えられない1つの理由かと。

前田　そうかもしれないね。その時代の空気や背景が、人間の能力を引き出すこともあるだろうし、特定の天才的な職人にしか生み出せないものもあるし。僕が「時代を超えた美を持つクルマ」を産み出すためにできることの1つは、デザイナーや職人たちが、存分に腕を振るえる機会を創出しながら、次世代のつくり手を育てることなのかも。

仲森　その、次世代のつくり手たる部下の方たちには、普段からいろいろ言ってるの？

前田　言ってる言ってる、それはもうたくさん（笑）。中でもよく言うのは、どん

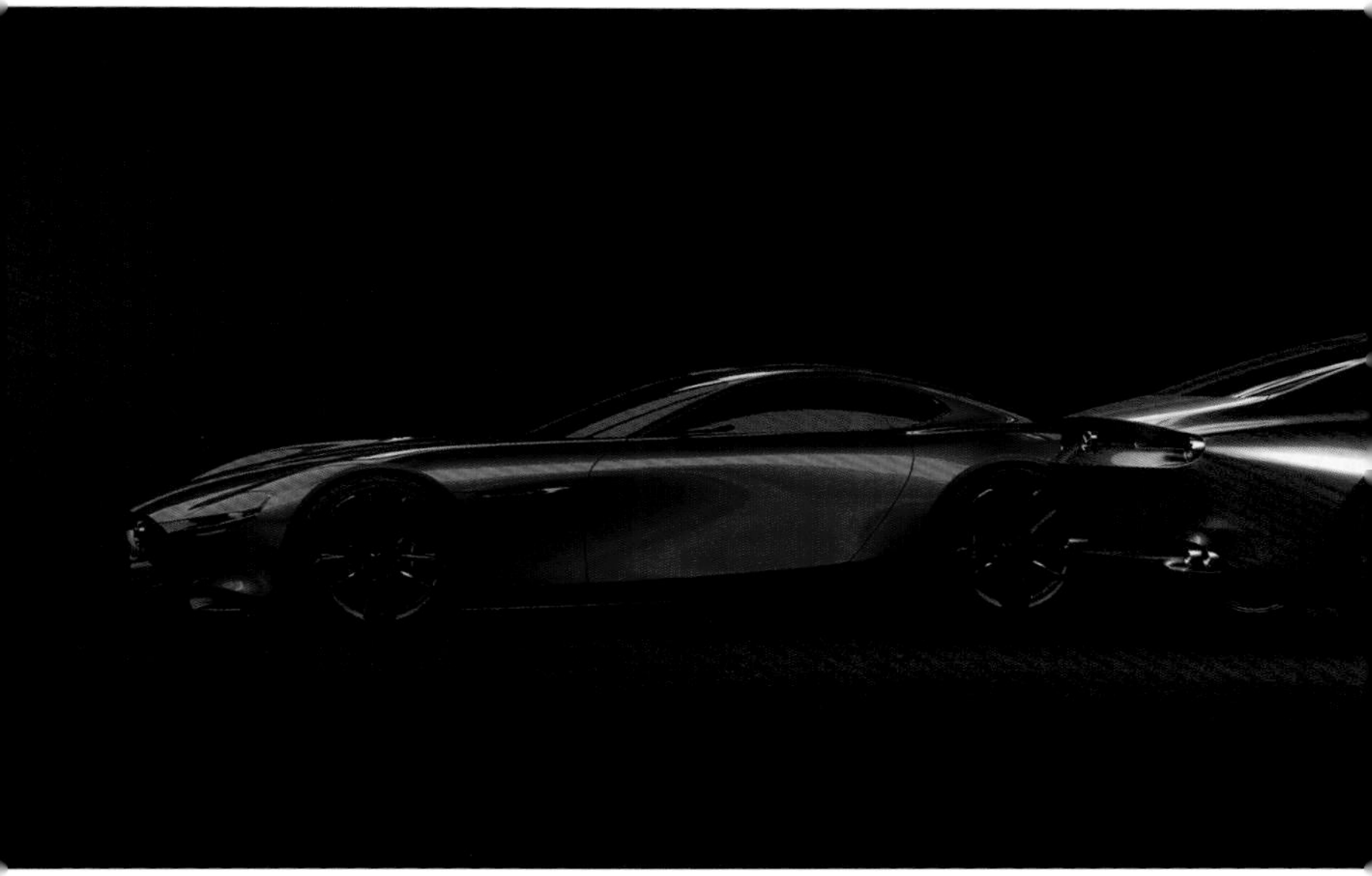

な提案でも長期的なビジョンを持った上でしてほしい、ということかな。何年後にどうなりたいか、マツダというブランドをどう「豊か」にしていくのかを示した上で、プロジェクトを進めることをいつも強調しているつもりなんだ。近視眼的に「当たりそう」な打ち上げ花火をいくら上げても、結局のところ何の財産にもならないから。

仲森　ええこと言うなぁ。自動車業界にコモディティ化という大きな変化の波が来ているときこそ、目先にこだわらず、バックキャスト思考をせよというわけか。

前田　ね、いいこと言うでしょ。企業には、どうしてもいいときと悪いときがあるよね。だから、その悪い時期をできるだけ減らして、下落の幅を最小限にするように努力しないといけない。何しろマツダは過去に、いくつかえらく失敗しているから。絶好調だったロータリーエンジンがオイルショックの影響で一気に下火になって、経営危機に陥ったことを筆頭に。

仲森　でもあれはロータリーエンジンの実用化を成功させたゆえに招いたピンチだった。「攻め」の姿勢での失敗は、守りに入ってのそれとは印象がまるで違う。実際、自動車産業に関わる人たちから、マツダはリスペクトされていると思うんだけれど。

前田　マツダは常に「攻め」の姿勢で来たことは間違いないし、ありがたいことに世界中の多くのエンジニアから「他がやろうとしてもできなかった技術をものにした」と敬意を払ってもらっているとも思う。

仲森　そのマツダの「攻めの姿勢」は広島という地域に根ざす気質というか風土というか、そんなものも関係しているのかも、と思うんだ。

前田　それは確かに感じる。

仲森　以前、広島発祥で全国区になった企業がえらく多いことに気づいて、それってなぜって思って『日経ビズテック』という雑誌で「広島発祥企業の研究」という特集記事をやったことがあるんだ。

取材していくうちに分かってきたのが、全国区になった企業は、あるタイミングですごく破天荒というか、かなり挑戦的なことをやっているんだよね。今流にいえばイノベーションっていうやつ。

例えば、アンデルセングループ（本社：広島市）は、冷凍パン生地を使って、店で焼きたてのパンを提供することを日本で最初に始めた。カルビー（広島市で創業）は「中身が見えないものが売れるはずない」と小売店に猛反対されたのに、スナック菓子の品質劣化を防ぐために不透明なパッケージを採用して大ヒットさせた。あ、「かっぱえびせん」の話ね。他にも、世界で初めて電気蚊取りをやったフマキラー（広島市で創業）とか、100円ショップを始めたダイソー（本社：東広島市）とかいろいろ例はあるんだけど、マツダに限らず、常識破りの冒険をやって、それをキッカケに「成り上がった」企業が多いんだよね。

前田　確かに、広島の人たちにはフロンティアスピリットみたいなものがあるのかもしれないね。少なくとも、ディフェンシブじゃない（笑）。

仲森　多いんよ。やんちゃなやつが（笑）。で、広島発祥企業のもう1つの特徴が「自己抑制」。コンビニエンスストアのポプラ（本社：広島市）は、中国地方では出店数も三大チェーンに迫る勢いだけど、無理をしてシェアを伸ばそうとしているようには見えないし、アヲハタ（本社：広島県竹原市）とかも、総合食品メーカーを志向しそうなのにそうはせず、ジャムを中心に製造し続けている。やんちゃはするけれど、程よいところで拡大路線を放棄して、得意分野でいいものを提供することに専念しているように見える企業が多い。そういえば、広島発祥の毛利家もそんな感じだったかも。

前田　なるほど面白い。確かに、マジョリティーにおもねることを嫌う地域性はあるような気がするね。自分たちもハイブリッド全盛で、ＥＶがこれからのトレンドという時代に、内燃機関のエンジンの最大効率を目指しているし。まあ、単に世の潮流にうまく乗れない「不器用」な社風なだけかもしれないけれど（笑）。

仲森　前田はそう言うけれど、２０１０年にスカ

（写真提供：マツダ）

イアクティブ・テクノロジーが発表された時「やられた！」と感じた自動車メーカーの人は多かったんじゃないかな。実際、あのとき真っ青になっていた自動車メーカーの人たちをたくさん見たよ。

前田　そうだとしたらうれしいね。内燃機関の本質中の本質をついた技術だと我々も自負しているから。詳細は省くけれど「理想はこうだけど、なかなか入り込めない」という領域に入った革新的な技術で、実用化に至ったのは奇跡と言ってもいいんじゃないかな。

仲森　その話も、今度ゆっくり聞きたいね。自己抑制の話に戻ると、マツダも好調を続けてシェアを増やしていくと、いつかマスにアピールしなければならなくなるわけでしょ、そこらへんどう考えているの？

前田　まさに今がその瀬戸際かな。マツダの生産台数は、グローバルで年間約160万台。自動車メーカーが、マスに積極的にアプローチする必要が出てくるのは200万台あたりからだけど、マツダはその直前、ギリギリ寸止めのところにいる状態だと思っている。

少し前まではアウディやBMWも自分たちと同じくらいの生産台数だったけれど、今、彼らは成長戦略を採っているよね。例えばBMWは年間生産台数が200万台以上になって、ファッション性の高い「ミニ」ブランドや、プラグインハイブリッドカーの「iシリーズ」を展開して幅広い層にアピールするようになった。

でもマツダは、ここから「上」には行かないつもり。マツダには、走る楽しみを追求しながら、移動手段としても高いクオリティーの商品づくりを目指しているという自負がある。これ

（写真提供：マツダ）

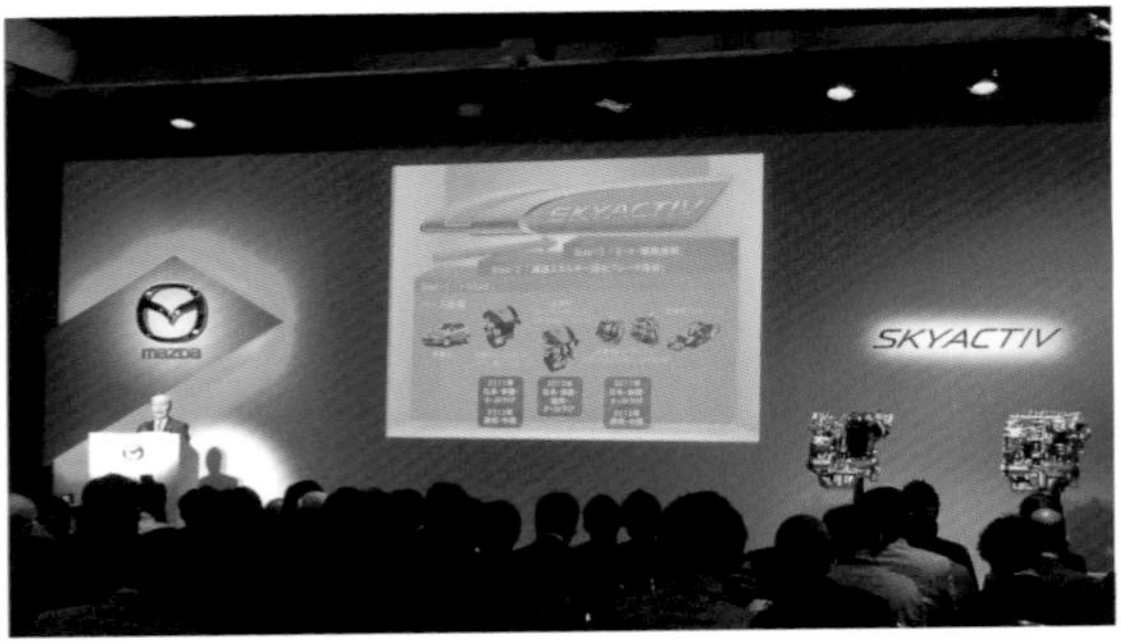

2010年にマツダが開催した「スカイアクティブ テクノロジー」の発表会
スカイアクティブ テクノロジー（SKYACTIV Technology）は、「走る歓び」と「優れた環境・安全性能」を最も効率的に実現するための次世代技術の総称とマツダは説明している。その対象はシャシー、ボディ、エンジン、トランスミッションなど多岐にわたる。特にエンジンに関して、従来はディーゼルエンジンの技術とされていた圧縮着火を、業界に先駆けてガソリン・エンジンで実現。これによって優れた燃費を実現したことから業界で大きな話題となった。

からもターゲットを「真のクルマ好き」に絞って、乗っていただく方に納得してもらいながら商品価値を高めて、ブランドを上げていく道を選ぼうと。

仲森 拡大路線を取らず、マツダをプレミアムブランドに育てたいということね。

前田 そう。日本で唯一の、自社ブランドのみでハイエンドなクルマを生産するメーカーになることを目指したいね。その可能性を信じてチャレンジすることが、ものづくりのモチベーションにもなっている。

仲森 だったら、エンブレムを変えなきゃ。

前田 え⁉

仲森 銀色で、楕円に頭文字。新興メーカーを含めて、すごく一般的なパターンだよね。何より、個人的にすごくもったいないって思うのは、こういったエンブレムからは歴史や文化を感じられないってこと。日本メーカーには誇れる歴史があって、素晴らしい名車もあるし、実績もある。企業としての個性や文化もあるはず。なのに、エンブレムはそれを語ってくれていない気がして。それでは、栄光の歴史を持ち合わせていない、それが喉から手が出るほど欲しいけど持っていない新興メーカーと同じでしょって。

前田　簡単に言ってくれるなあ、仲森は（笑）。

仲森　簡単じゃないことは知っとる（笑）。知ってて、あえて言ってる。

前田　今のマツダのブランドシンボルで問題なのは、マークとＭＡＺＤＡの文字のダブル表記にしていることなので、そこはゆくゆくは直していきたいと思っている。でも本質はブランドシンボルがどうかではなくて、ブランドそのものを高めていくことだよね。

仲森　やるなら、マツダはヘリテージ（遺産）にあふれた会社だから、それをうまく活用して、ブランドを高めていってほしいな。Ｒ３６０クーペ、キャロル、ルーチェ…。今見てもほれぼれする、実にいいクルマだよね。

前田　いよいよそこに来たか。そのへんを語り始めたら終わらんよ（笑）。

（撮影：栗原克己）

第3章

80年代に私たちが失ったもの

第3章 80年代に私たちが失ったもの

「好きなクルマ」から「エンブレム問題」まで、いくつもの話題で盛り上がった前章に続き、マツダのヒストリックカーの話から始まった本章。「合理と無駄」「技術とフォルム」といったテーマで、大胆かつ緻密に紡がれていく。

まず話題になったのは、R360クーペ。半世紀以上前の車種ながら、「今どきのクルマ」にはない愛らしさでいまだに多くの人々を強く惹きつける。名車として名高い「コスモスポーツ」の魅力も、現在に至るまで寸分も失われてはいない。いやむしろ、時代とともに高まっているのかもしれない。

そういった「言葉にしがたい」魅力が、いつしか、ほとんどのクルマから消えてしまったのではと仲森は言い、前田もそれに同意する。2人が見出した分岐点は80年ころ。ちょうど、「マスに向けたものづくり」が本格的に始まった時期に符合すると前田は指摘する。その結果として、デザイナーが「作品」としてのものづくりをすることができなくなっていったような気がすると。

それを乗り越える方法はあるのか？　そして、その先に見えてくる前田の野望とは？

仲森　さっき、マツダミュージアム[注1)]を見学してきたんよ。ええなぁ、昔のクルマ。1970年代より前のやつはどれもいい。朝川（映像ディレクター、こちらも前田の中学、高校の同級生）とか栗原さん（カメラマン）とか服部くん（ライター）とか、もちろん病的カーマニアの三好さん（本書籍の編集担当）を含めてみんなで見たんだけど、誰もが「昔のやつがいい」って言う。その中で、あえて1台を選ぶとどれって話になったんだけど、これが驚きで、全員一致だったんだ。

前田　「R360クーペ」じゃない？

仲森　うわぁ、その通り！　よく分かったね。「コスモスポーツ」[注2)]なんかの方が名車として知名度が高いんで、それを言う人もいるかなと思ったんだけど、全員がR360クーペなんだよね。

前田　かわいいよね。今のマツダは「クルマは家族であり仲間である」というテーマでクルマをデザインしているけれど、R360クーペって「友達」とか「子供」のイメージ。単なる「移動の手段」とは言えないような、あのクルマにしかない個性やぬくもりがあって。

仲森　そう。手に入れたら、簡単に廃車になんかできん。どうしてもダメだってことになった

注1）　マツダの広島本社敷地内にある見学施設。同社のヒストリックカーやスカイアクティブテクノロジーの展示、クルマの組み立てラインの見学などができる。

注2）　世界で初めてロータリーエンジンを搭載した量産車。1967年販売開始。美しく未来的なプロポーションと優れた走行性能で「伝説のスポーツカー」となった。

ら、墓とか作るわ（笑）。

前田　まさに、そこ。人の手で練り込んで作ったデザインのクルマというのは、思い入れも簡単にはうせない。命あるものとして、愛着が湧いてくるんだね。

仲森　わしらが若いころに心を躍らせたクルマが持っていた、そういった「言葉にしがたい」魅力が、いつしか、ほとんどのクルマから消えてしまったように思う。個人的には、１９８０年代に入るあたりが境じゃないかと思うんだけど。

前田　そうかも。車業界では、70年代の終わりから80年代にかけてというのは、マーケティングを重視した「マスに向けたものづくり」が本格的に始まった時期なんだ。もう1つ、この時期は、オイルショックの影響もあって、クルマの社会的責任が飛躍的に重くなって、公害対策や安全対策とかのレギュレーションが世界的に厳しくなるという、クルマにとっての1つの節

マツダR360クーペ　マツダ初の乗用車として1960年に発売される。新技術の採用などで低価格を実現。大ヒット作となり日本のモータリゼーションの進展に先駆的な役割を果たした。（撮影：栗原克己）

目の時期でもある。こうした結果として、デザイナーが「作品」としてのものづくりをすることができなくなっていったのかもしれないな。

仲森　前田がマツダに入社したのはそのころだったよね。

前田　そう。82年入社だから。当初は企画部門に配属されて、デザインには関わっていなかったんだ。デザイン部に異動したのは5年目。それから「ロードスター」の開発に関わったり、いろいろなコンセプトカーを考えたりしたけれど、まだまだ「こんなクルマがつくりたい」という情熱が尊重されていたと思う。本気で「挑戦したい」という思いがあれば、自ら提案を作って発表して回る。良否いろいろあるけど、それが当時の企画マンだったような気がする。

仲森　昔のクルマをいいという人は多いけど、デザイナーの数ということでいえば、60年代に比べれば相当に増えているよね？

1980年6月にマツダが発売した5代目の「ファミリア」　アウトドア志向が高まっていた若者をターゲットに開発。当時流行していたサーフィンの愛好者を中心に市場で好評を博した。1982年に3回、1983年に5回、国内市場の月間販売でトップの実績を残している。「第1回 日本カー・オブ・ザ・イヤー」（1980年～1981年）を受賞した。（写真提供：マツダ）

前田　もちろん、圧倒的にね。1台のクルマを作るまでのプロセスが多岐にわたって細分化しているから、関わる人数も多くなっているし。

仲森　逆にそれで、1人のデザイナーが1台のクルマを最初から最後までデザインすることは難しくなったわけだ。デザインが分業制になったっていうことだね。その弊害ってあるの？

前田　あるだろうね。いい例かどうか分からないけど、最近こんなことをよく感じるんだ。「作者の顔が見えない」とでも言えばいいのかな。最近のクルマは、どんな意図でつくられたのか、その強い意志やコンセプトを感じ取りにくいものが多い。個人的には、これはまずいと思うんだ。「これが自分たちのブランドだ」という強い意志を持ってデザインしなければ、深みのあるものはできないし、トレンドに流されて、簡単に埋没してしまう。

仲森　個々の商品だけじゃなくて、その商品群が全体として何を主張し、どんな印象を与えるかということをちゃんとコントロールしなきゃダメっていうことだよね。簡単に言ってしまえばブランド戦略ということなんだろうけど、これって自動車に限らず日本企業が、結構苦手にしてきたところでもあるような気がする。まず、確立するには時間がかかるし継続性も必要。それができたとしても、維持し高めていくのがさらに難しい。

　例えば、焼き物には江戸時代から今日も続く名家とかあるんだけど、そういった家には、初代とかが築き上げた「作風」みたいなものがあって、それを代々踏襲したりする。そこに落とし穴があって、多くの場合、自己模倣に陥るんだ。「うちの作風」みたいなくくりがあって、そこに置きにいく感じ。その結果として、代を重ねるごとに作品が弱くなっていく。

前田　なるほど。今話した、リーダーの顔が見えないデザインこそが、仲森が言う「置きにいった」デザインなのかもしれないね。自身の美意識や価値基準で練り込むのではなくて、「うちらしさに今のトレンドを加味したら、まあここらへんじゃない？」という考えで商品をまとめちゃう。それって、ユーザーの感性を「この程度のもの」と見下しているようなデザインだと思う。

仲森　まあユーザーもいろいろで、「移動手段だからコストパフォーマンスさえよければほぼそれでOK」という人もいるから、それに甘えてしまうのかもしれないね。腕時計は安くて正確なクオーツでいいという人。その一方で、数十万円、数百万円を払って機械式腕時計を求める人が厳然としている。そういう人たちは、メーカーはもちろん、年式とか針の形とか数字の字体とか、実に細かい部分にも強烈なこだわりを示したりするよね。マニア同士の会話とか、普通の人には全く意味不明。

Lange & Sohne社の機械式腕時計

（写真：Getty Images/Bloomberg）

前田　そうなんだよね。デジタル時計が出てきたとき「機械式腕時計は絶滅する」と関係者は観念したらしいけれど、そうはならなかった。コストパフォーマンスでいえば、圧倒的にクオーツ。それは承知のうえで、機械式腕時計以外には目もくれないという人たちがいる。その例でいえば、マツダが目指すのは「機械式腕時計」だね。効率重視でEVや自動運転化が進む中、あえて内燃機関を研ぎ澄まして、デザインも含めて「乗る楽しみ」を追求していきたい。

仲森　機械式腕時計って、意外に不正確だったりするじゃない？　時間を知るための道具としては、こんなに無駄なものはない。実際つけていても、時刻はスマートフォンで見ちゃうし（笑）。でもつけているだけで安心する、まあ相棒みたいなものだよね。そういった感覚をクルマにも求める人がいるというのは、よく分かる。

前田　クルマだから、中身は最新の「最高性能」であるように努力するよ（笑）。ただ、そういった普遍的な価値をもつものをつくり出し続けていれば「いいもの」に敏感なユーザーの方々にも支持していただけるんじゃないかと思う。

仲森　具体的にはどんなクルマを、これからつくりたい？

前田　今、個人的につくりたいのは、歴史的にマツダがつくってこなかった領域のクルマ。例えば、数千万円もするような、いわゆるスーパースポーツ。

仲森　それはすごい。

前田　今は、無駄を徹底してそぎ落としたものづくりをしてるけれど、そこは通過点。存在自体が無駄だけど、クルマとしての魅力にあふれているような、極端なものを出せるようになって初めてマツダが本当に豊かなブランドになれると思っているんだ。豊かさって、ムダがあることだから。

仲森　そうそう、ムダっていいよね。芸術は「必要ムダ」だって、さる高名な彫刻家も言っておられたし。けど、ムダなのに支持されるものをつくるのって、かなり難しい挑戦だとは思う。それだけに、やりがいはあるだろうね。前田がどんな答えを出すのか楽しみ。

前田　つくったら仲森、買ってくれよ。

仲森　え⁉ でも、何千万円もするんじゃろ。そんなカネないで（笑）。

前田　そうは言わさん、ここまで言わせた責任はとってもらわんと（笑）。

仲森　約束させられる前に話をそらすけど、前田みたいにエッジが利いたやつを重用するとか、マツダはいい会社だねぇ。

前田　まあ、自分のことはともかく、マツダは、社員全員がまっすぐに、クルマづくりに向き合っている会社だとは言えると思う。それは本当に幸せなこと。エンジニアは内燃機関の最高効率を求め、デザイナーはクルマの骨格とは何かを突き詰める。どのパートの担当も「本質」、つまり「いいクルマをつくりたい」という意識を共有しているから、話がかみ合いやすい。

仲森　部署が違っても話が通じ合うなんて、

マツダのコンセプトカー「ビジョンクーペ」のデザインスケッチ　（画像提供：マツダ）

奇跡的かもしれない（笑）。こと製造業において、デザイン部門と生産部門は、相容れずにぶつかり合ってしまうケースはよく耳にするから。

前田　デザイナーの立場から言わせてもらうと、実は、スカイアクティブエンジンを搭載すると、デザイン上の制約が出てしまう。だからデザイナーとしては「性能だけを優先するのは待ってほしい」と感じることもある（笑）。でも、開発した人見（人見光夫シニアイノベーションフェロー）をはじめとするエンジニアたちに対する尊敬の気持ちがあるんだ。彼らがつくり出した最高のエンジンのためなら、デザイン部門は「なんとかしよう」となる。あちらも同じ。互いに敬意を持っていることが、部署間でいいバランスが取れている理由ではないかな。

仲森　最初からコミュニケーションは取れて

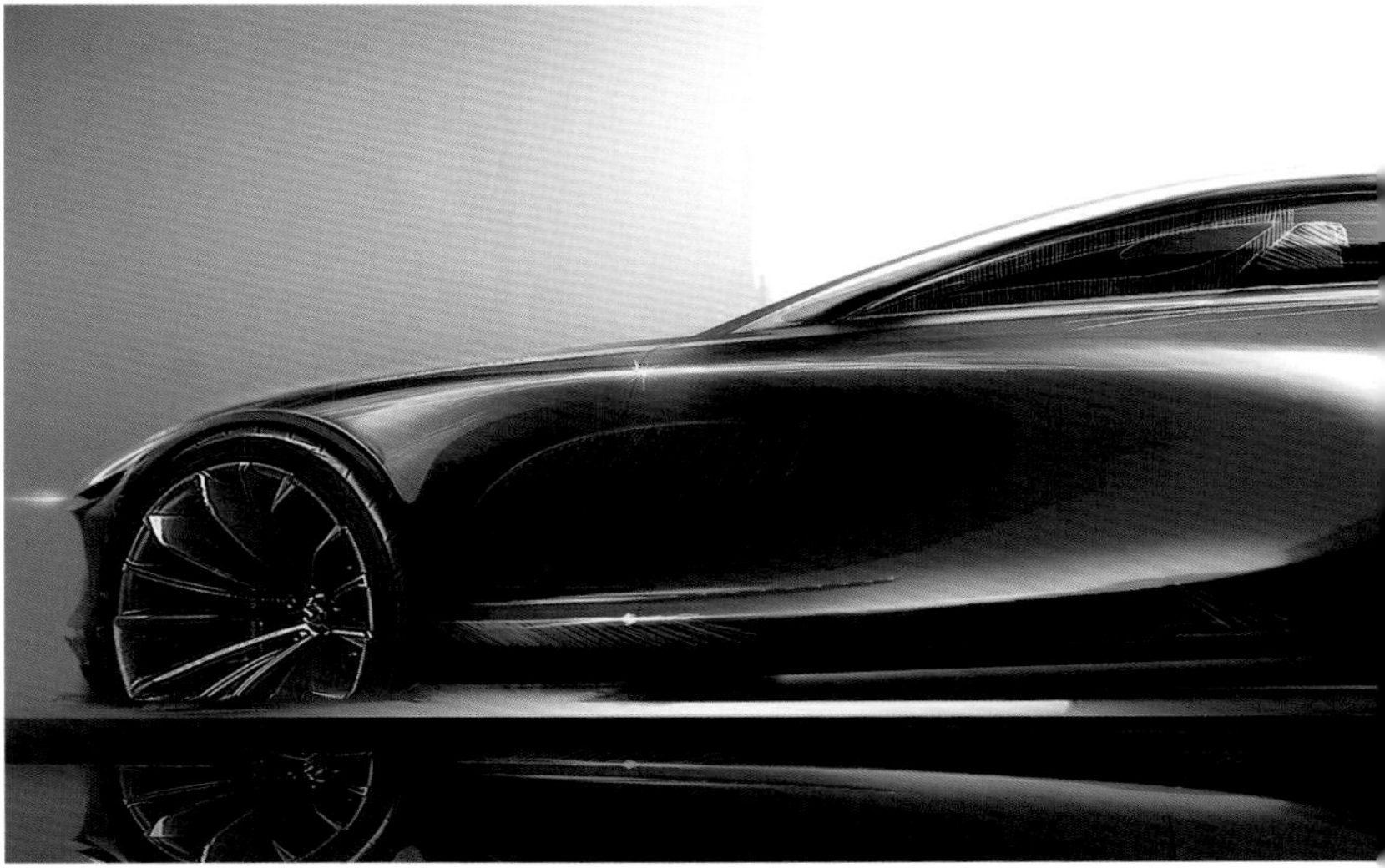

 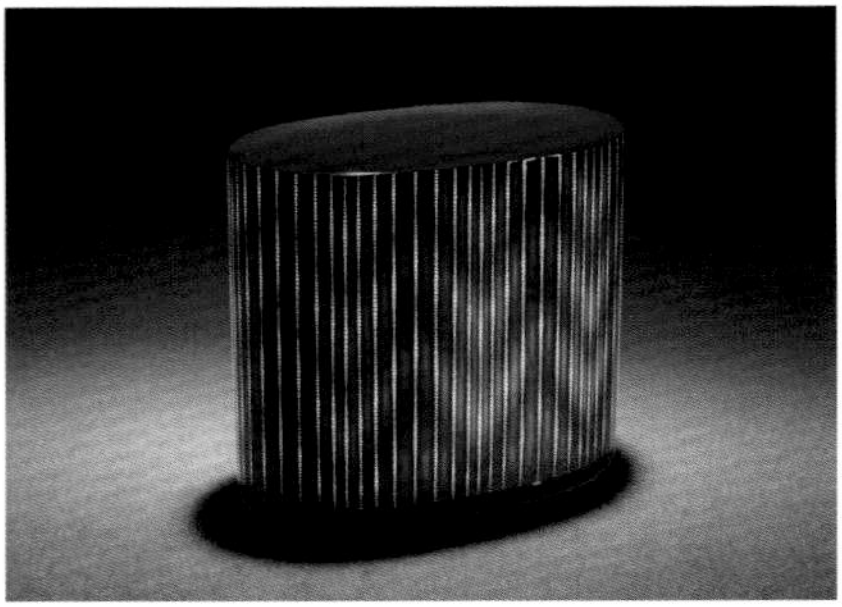

左／鎚起銅器「魂銅器《こどうき》」（玉川堂作）　右／卵殻彫漆箱「白糸《しらいと》」（七代金城一国斎作）（写真提供：マツダ）

いたの？

前田　いやいや、うまくいっているとはとても言えない時期もあったよ。十数年前くらいまでは、何度も工場に呼び出されてね、「鉄板をこんな曲線に曲げられると思うとるんか！」って怒られるんだ（笑）。

そういった経験を踏まえて、デザイン部門の責任者になってから意識したのは「丁寧に説明すること」だった。デザインチームから、生産部門の人たちにまで、1人ずつ。クルマづくりは大規模なチームプレー。データを渡して「図面通りにお願いします」では、ものづくりの感動を共有できない。「理想のプロポーションはこうだ」「ブランドの価値を上げるためにはここまでやらないといけない」といったコンセプトを説明し、関わる人たちと情報を早い段階から共有する。とにかくそれを繰り返した。

仲森　根気のいる取り組みだけど、その丁寧さがなければ人は動かせないわけだ。

前田　今の状態になるまで7年くらいはかかったかな。幸運にも、手掛けたクルマがいくつもの賞をいただいたり、売り上げが好調だったりと「成功体験」を重ねることができたこともあって「あいつの言っていることは間違いじゃなかったかも」となった。そこからだんだん信頼関係ができてきて「チームでクルマをつくっている」という意識が浸透していったように思う。
もちろん今でも、新しいプロジェクトが始まる時には、生産部門の約1500人にデザインコンセプトを説明しているよ。マツダにはもともと垣根を越えて一体となってものづくりに挑む「共創」という企業文化はあったんだけれど、「魂動」デザインは、その伝統を現代によみがえらせるための手段だったのかもしれないね。

仲森　伝統といえば、日本の伝統工芸作家とも交流しているよね。

前田　新潟県燕市で無形文化財の鎚起銅器を作ってきた「玉川堂」や、高盛絵と呼ばれる伝統技法を守る漆芸家「七代金城一国斎」といった方々とのコラボレーションなどを進めている。社員たちも工房にお邪魔して、彼らの仕事を体験させてもらったりして、大いに刺激を受けている。

仲森　面白い試みだね。成果も上がっているようだし、そのへんを深掘りしてみない？　実際に現場に行ってみて、それぞれの分野でのものづくりについて聞いてみる、みたいな。

前田　いいねぇ。

（撮影：栗原克己）

第4章

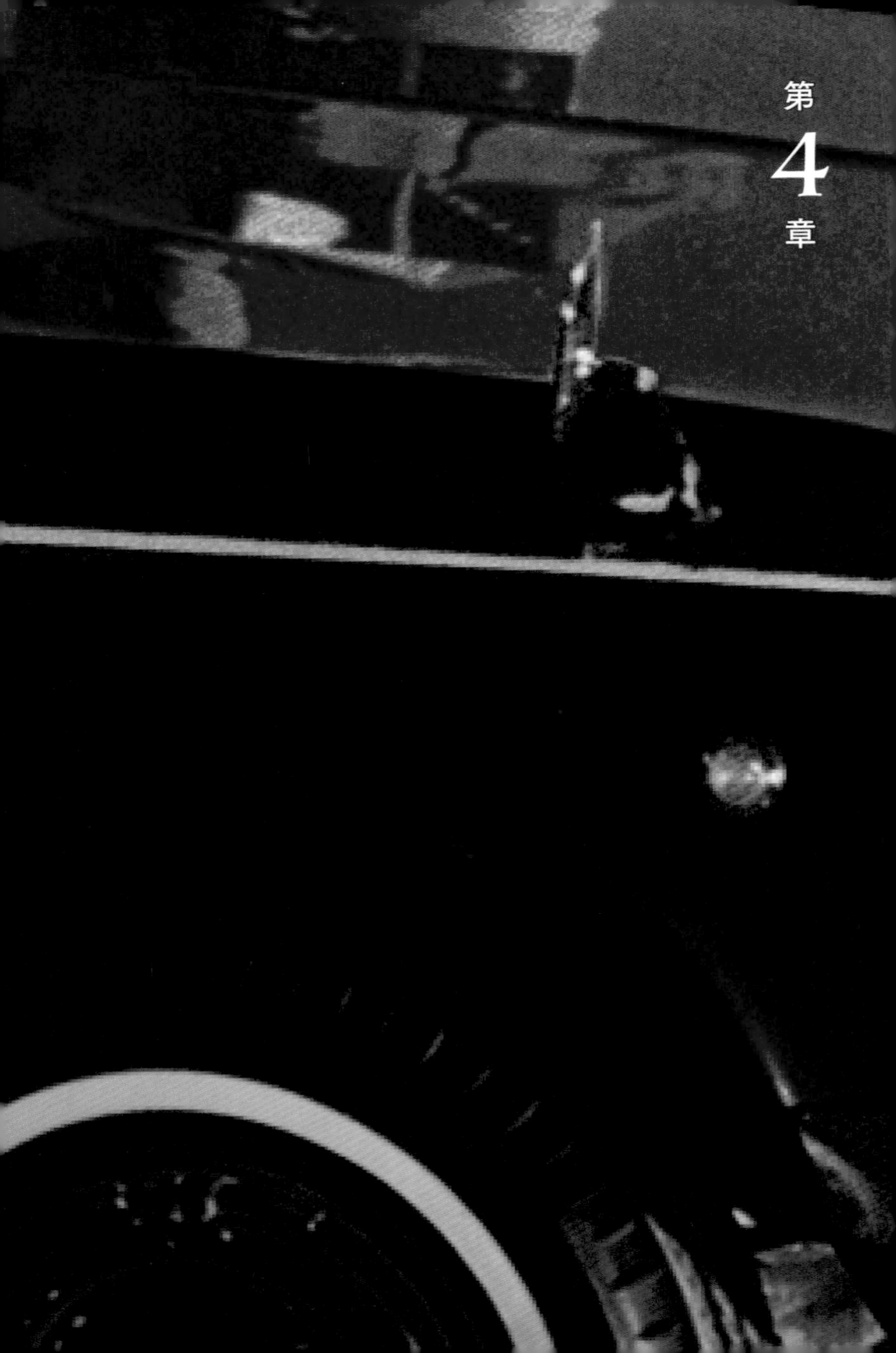

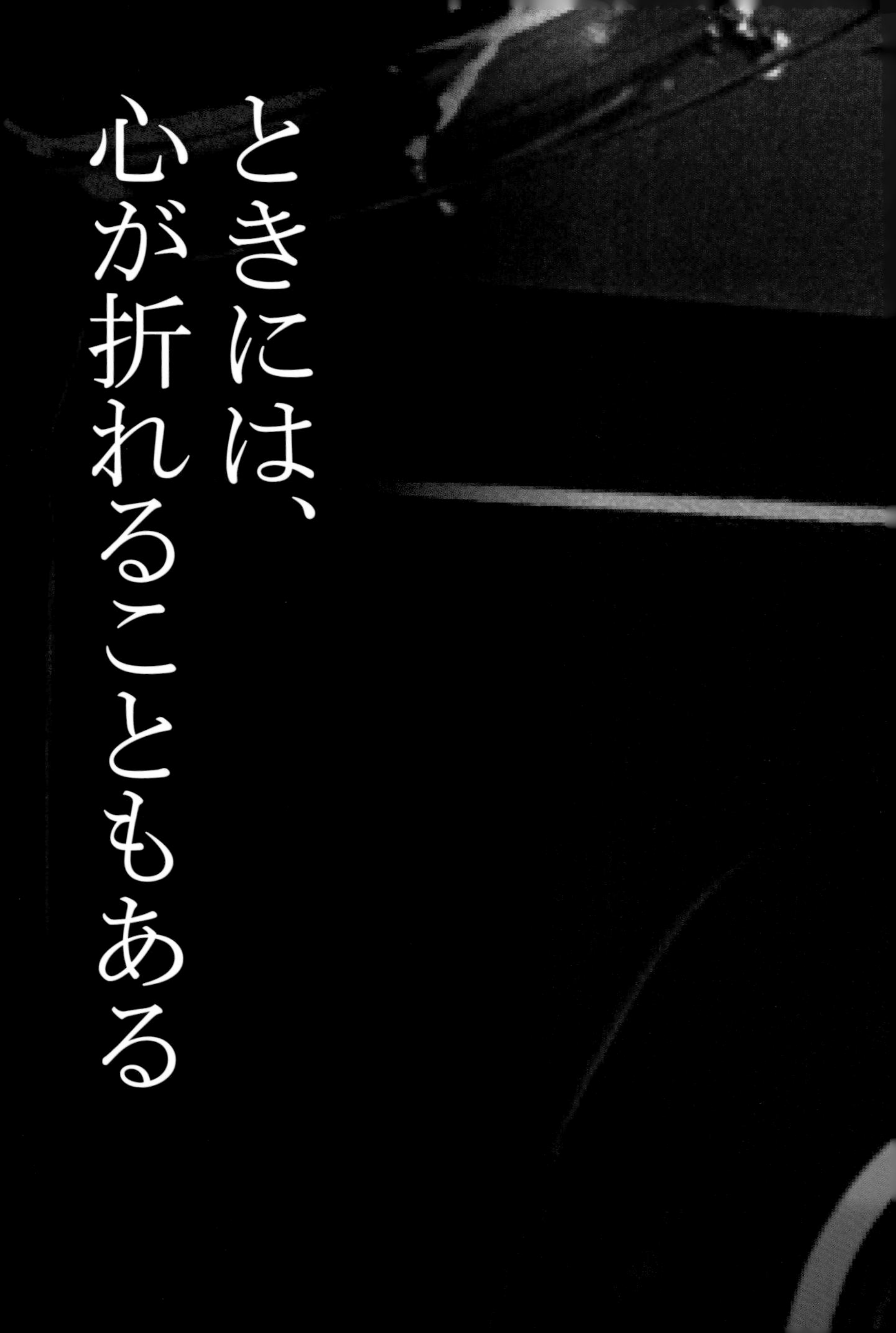

ときには、
心が折れることもある

第4章 ときには、心が折れることもある

「きつかったら足を崩してもええよ」

「あ、いや大丈夫。しかし不思議な空間だね、なぜか自然に心が落ち着く」

会議室を飛び出した対談で、前田と仲森が訪ねたのは京都、東山区にある真葛焼の窯元。母屋の一角にある茶室に座して、まずは歴代の真葛焼の名作を愛でながら、一服の抹茶をいただく。

約330年の歴史を持つ「京焼」の名家としての伝統を受け継ぐ当代の宮川香齋（みやがわこうさい）、嗣子である宮川真一。若かりしころから茶道や伝統工芸にひとかたならぬ愛情を注いできた仲森とは、古くから親交のある間柄でもある。今回はそんな宮川父子を交えて「日本らしさ」や「日本の美意識」について議論を交わすこととなった。

一見、遠い存在にみえる伝統的陶磁器とクルマ。しかし、思わぬところで「思い」は通じているらしい。宮川真一がふと漏らした「ぼやき」に、前田は「魂の叫び」で応える。

前田　先ほどのお茶室でのひとときは、素晴らしいものでした。歴代の名作を拝見するという貴重な体験もさせていただきましたし。

宮川真一　ありがとうございます。先ほど見ていただいたものもそうですが、名作とされる焼き物には、どれもつくり手の息遣いが伝わってくるような、一種の「ライブ感」があるように感じられませんでしたか。

前田　そうですね。年月を超えて、リアルに伝わってくるものがあるように感じます。実を言うと、私自身が海外でも評価していただけるクルマをつくろうと模索していることもあって、明治のころ欧米で高く評価された「横浜真葛」注1）の作品には以前から興味があったんです。初代宮川香山による「蟹」を

注1）宮川家、真葛焼は祐閑宮川小兵衛《こへい》政一《まさかず》が、貞享年間（1684～1687）に京都・知恩院門前に居を構え、陶料を商いとしたことに始まる。その後、治兵衛と長兵衛兄弟に分かれ、長兵衛家の長造が東山真葛ヶ原（現円山公園）に窯を開き「真葛焼」が始まった。治兵衛の家系は、今回の六代香齋・真一親子に連なる「京都真葛」と呼ばれ、茶道などの伝統にのっとった作風で、名作・佳作を数多く手掛けてきた。一方、長兵衛の家系は、江戸期を代表する名工、長造（治兵衛家の二代香齋らの指導もした）の四男、初代香山の時代に横浜へと移住を果たし「横浜真葛」を始める。横浜真葛は高浮彫と呼ばれる技巧的な作品を多く制作。明治9年（1876）のフィラデルフィア万博を皮切りに、明治後半まで海外の万博で数多くの賞を受賞するが、第二次世界大戦時、空襲により被災、四代香山が復興を志すも死去、その歴史も終焉を迎える。

（撮影：栗原克己）

モチーフにした有名な作品がありますが、どれも実に精巧にできていて、その技巧を前面に出して強烈な印象を与える作品が多いですよね。ですが今、お茶室で拝見した真葛焼の名品は、これまでの印象とはまるで違うものでした。お茶室に合うというか、「奥ゆかしさ」を感じさせる作風というか。

宮川真一　ある時期の横浜真葛の作品は、今風にいえば「インスタ映え」しそうな、非常にインパクトのあるものです。その強烈さゆえに、その作風イコール真葛焼の作風だと思われている方が多いかもしれません。けれども、真葛の330年の歴史で、例の「蟹」でも使っている「高浮彫」の技法を使って仕事をしていたのは、わずか15年くらいでしょうか。

前田　そうなんですか？

仲森　ちょっと長くなるけど説明するね。真葛焼のルーツは京都で、初代は宮川長造という人。幕末に活躍した京焼屈指の名工で、作風は前田が言うように「奥ゆかしい」もの。その二代目

宮川長造作「信楽土 ワラ灰釉青楓に新月の絵茶碗」（撮影：栗原克己）

が長造の子の長平で同じ作風、その弟が三代目を継いだ初代香山といわれる人なんだけど、この人が当代のときに京都から横浜に窯を移すんだよね。なぜ横浜かっていうと、輸出に便利だから。このとき、国内需要だけだった真葛窯は、海外向けに大きく舵を切ることになったんだ。

前田　それはすごい方針転換だね。よく決心できたなぁ。

仲森　作家個人の判断というより、当時の政府が強力にバックアップして、ということだったと思うよ。明治初期の日本は、海外からいろいろなものを買わなきゃならなかった。だけど、外貨を稼ぐ手段はそれほどない。そこで政府が目をつけたのが、陶磁器や漆器、金工などの工芸品。欧米の万国博覧会に工芸品を出品し、輸出振興と作家育成のために様々な手を打って、これを有力な輸出産業に育て上げたんだ。その結果、欧米では日本の美術工芸品が大人気になり、極端にいえば「工芸品を売った外貨で戦艦三笠を買う」みたいなことができるようになった。つまり当時の工芸作家たちは、今でいえば前田のように、国力に直結する重要な産業の担い手だったんだ

初代宮川香山作「真葛窯変釉蟹彫刻壷花活」（吉兆庵美術館所蔵）
（写真提供：吉兆庵美術館）

ね。その結果として、江戸期を通じて磨き上げた技を存分に使いながら、いかにも外国人受けしそうな作品が多く生まれた。今、「超絶技巧」と呼ばれて日本でも人気になっている作品のかなりの部分は、こうした状況下でつくり出されたものなんだ。

宮川真一　初代香山は、陶磁器ではその代表格だった方です。その香山がすごいと思うのは、高浮彫で世界的な評価を受けた後も作風を変え続けたことですね。晩年には中国清朝陶磁の写しを制作するなどして作品の幅を広げています。さらに挙げれば、文化的なバックボーンがしっかりしていることでしょうか。「蟹」をモチーフにしているのも理由があって、当時人気があった「煎茶道」の思想が背景にあるんです。煎茶道の根底には精神の自由を尊ぶ考え方があり、人と違うことをするということをポジティブに捉える気風がある。その象徴が蟹なんですね。蟹は前には進まず横に歩く。「天下を横に行く」ということで。

仲森　もちろん、当時の輸出用陶磁器がすべて初代香山レベルだったわけじゃないよ。それはもう、量産品で目を覆いたくなるものもたくさんできた。壺に金や赤の派手な色づかいでフジヤマ・ゲイシャの図柄とか(笑)。

前田　そのころから外国人向けはフジヤマ・ゲイシャなんだ(笑)。そういったことも含めて歴史的背景を知って見ると、初代香山、そして真葛焼の伝統的な厚みをより深く味わえる気がするね。

宮川香齋　長い歴史をたどれば、それぞれの時代の流行というのがありますね。作風の変遷は流行の変遷そのものと言えるでしょう。香山があいった手の込んだものを手掛けたのは、その時代の流行に合わせていったということやないかなと思いますね。
仲森　香齋先生が最近手掛けられた飾り大皿も、かなり手の込んだ作品ですね。
宮川香齋　これは、葛飾北斎の浮世絵、富嶽三十六景の中の「神奈川沖浪裏」を題材にしてみたものです。昨今増えてきた海外の方からのご要望にもお応えしていこうと考えて作ってみました。
前田　分かります。おっしゃる通り、海外ですごく人気が出そうですね。
宮川香齋　ありがとうございます。

真葛 六代宮川香齋氏（奥）、宮川真一氏（手前）
（撮影：栗原克己）

宮川真一　交趾《こうち》と染付という技術を用いた作品です。先ほどお話しした香山の作品じゃないですけれど、SNSにこの写真をアップすると、とても反応がいいですね。最近は、日本人でも海外の方に近い感性を持っているような方も多いですし。
前田　よく分かります。
宮川真一　もちろん、褒めていただけることはうれしいですよ、ただちょっと悩ましくもあるんです。この仕事が、本当に自分がやりたいことなのか、とか。

前田　この作品に込められた悩み、分かるなぁ。

宮川真一　分かっていただけますか(笑)。

仲森　茶道や伝統工芸に小さいころから接してきて、日本文化の深いところまで知っている人とそうではない人とでは、求めるものが違うのは当たり前。だから、「やりたいこと」と「やるべきこと」はいつも同じじゃない。グローバルにやろうとすればなおさら。分野は違っても、仕事をしている人ならほとんどの人が感じることじゃないですか。

前田　分かるなぁ。

仲森　さながら魂の叫びだねぇ。

前田　いやぁ、すごく分かる。オレだって、それで心が折れそうになることあるもん。

仲森　前田でもそうなことあるんだ。安心した(笑)。

前田　マツダは輸出の割合が大きいから。仕事にもよるけど、自分が好きか嫌いかよ

六代宮川香齋作「染付交趾 飾大皿 葛飾北斎 富岳三十六景 神奈川沖浪裏」
（撮影：栗原克己）

り、海外の顧客に受け入れられるかどうかの方がはるかに重要ということは当然あるよ。

仲森　そんな「立派な社会人」みたいなこと言いつつ、やりたいことはキッチリやっている気はするけど。

前田　日本の伝統工芸と少し違うなと思うのは、そもそもクルマは欧州発祥のもので、欧州の「クルマ好き」は、クルマのことをすごくよく分かっているということ。例えば、クルマのデザインで、タイヤの位置などの「基本」が確固たるものかを一瞬で見抜くんだ。そんな彼らに評価してもらえるようにするには、クルマづくりの基礎を彼らのレベルに持ち上げることが必要。そのうえで「日本らしさ」をどう感じさせられるか。そうであれば、あれもこれもと「足していく」デザインでは本質がぼやけてしまい、逆効果でしかなくなる。だから「引き算」なんだ。僕は、極限まで引いていくことで現れる本質的な「何か」を見つけ出したい。具体的には、クルマのフォルムを「光」で表現したいんだ。一瞬の光のリフレクションで、思わずドキッとさせる強さや激しさが現れる。そんな内に秘めた「美」は、日本独自のものではないかな、と思ってるんだよ。

宮川真一　日本文化の「奥ゆかしさ」をクルマで表現されようとしているんですね。

前田　はい。日本の「美」をもともと欧州で生まれたクルマに宿らせることが僕の仕事だと思っているんです。根底には、この100年で日本の自動車産業が打ち出せた「日本らしさ」とは、実は「安くて壊れないこと」しかなかったのでは、という思いがあります。もちろん日本車が世界中で走っている現状をつくり出した先人たちには、深い敬意を払っていますよ。ただ、日本らしい「様式」や「美しさ」は打ち出すことができなかった。そこが工芸品と圧倒的に違うところでしょうし、カーデザイナーの1人として責任を感じてもいます。

かつての日本車の「安くて壊れない」が、新興国の自動車メーカーの特徴になりつつある今、国が力を入れているのが「自動運転」と「カーシェアリング」です。でも、クルマが自動で走る共有物になってしまえば、クルマ離れはますます進んでしまうし、「日本ら

しさ」も打ち出しにくくなってしまう。僕は、デザインを通して「乗る楽しさ」や「所有する喜び」を追求していきたいと思っています。

仲森　前田とは、クルマのコモディティ化が進む中で、マツダが目指すのは、持つ喜びを感じさせてくれる「機械式腕時計」ではないか、という話をしたことがあるんですよ。

（写真提供：マツダ）

宮川真一　お茶の世界でいうと、ペットボトルのお茶って、買ってすぐに飲めて便利だから、皆に受け入れられて普及していると思うんです。ただ、どれだけペットボトルが広まっても、急須で淹れたお茶を飲む人って、一定数は残る。私たちは、そちらの方々に向けて「手仕事」を続けていかなあかん、と思っているんです。

仲森　まさに同じ方角ですね（笑）。話を戻すけど、海外の方たちと私たちの間にある「日本らしさ」の捉え方のギャップをいかに埋めるかは、海外市場を真剣に見据えた場合、避けては通れない問題だよね。

宮川真一　確かに本質的な日本の美や精神性って伝わりにくいと、海外に行くたびに実感します。ですが、海外の方々は、それらにとても興味を持ってくださるのも事実です。

前田　少し前に興味深い体験をしました。マツダには、欧米にもデザインスタジオがあるのですが、現地スタッフたちに我々の「引き算の美学」を理解してもらうための研修会を開いたんです。でも、普通にやっても、微妙な空気感まではとてもじゃないけれど伝わらない（笑）。そこで一計を案じて、彼らと一緒に「マツダ独自のフォント」をつくってみることにしました。日本に呼んで合宿をしながら、漢字やひらがなの「とめ」や「はらい」「はね」を一つひとつ確認して、その勢いやカーブのあり方を吟味していく。文字って深くて、そういった作業をやっていくと、日本の美意識のようなものが自然に浮かび上がってくるんですね。皆、とても興味を持って取り組んでくれましたし、「引き算の美学」についても

（撮影：栗原克己）

かなり理解を深めてくれたと感じています。

仲森　それは面白い。ちなみに「マツダらしい」フォントって具体的にどんな感じ？

前田　クルマってタイヤが四隅にある乗り物だから「不安定さ」は絶対にNG。だから下が細くなるフォルムの文字などには、安定感を出すためのアレンジを施したんだ。そうやって全体のフォルムで自動車メーカーたる「マツダ」らしさを出したうえで、曲線や線の強弱で「日本らしさ」を出していったんだ。

宮川真一　「日本らしさ」を伝えるためのアプローチとして、とても参考になります。実は、私どものように工芸品を作っていると、海外の方に「ハンドメイド」って言っても伝わらないことが多いんですよ。真葛焼が、1つずつ、ろくろでひいて、手で描いていると言っても「いやいや、どこかで機械を使っているんでしょ」なんてことを言われたりもしますし（笑）。

仲森　欧米では高級食器ブランドでも機械化が進んでいるし、手で絵付けをするなんてところはごくわずか。日本のような手仕事はほとんど残っていないですもんね。

前田　そういうお話を伺って感じるのは「手作り」そのものというより、手仕事のスキルを持った「人間」に価値があるということですね。国を挙げて、他にない技を持つ匠たちにしっかりと対価を払うようにしていかないと、伝統的な工芸が下火になってしまうのではという危機を感じています。

仲森　マツダは「匠モデラー」とか、高い技能を持つ人たちを評価するシステムを作って、つくり手たちのモチベーションを大きく上げたんだよね。

前田　そう。天才的な感覚を持つモデラーや、高い技能を持つ職人といったタイプの社員たちの職位を一気に部長クラスに上げたんですよ。

宮川真一　若い人たちにもいい影響を与えそうですね。

前田　ええ。若い連中が彼らの背中を見るようになりました。いい仕事をすれば認めてもらえる。そのお手本が目の前にいれば、やる気も出ますよね。

宮川香齋　私の若いころは、数を作ることで腕が決まっていったのですが、そうして自分たちが手掛けたものを買っていただけることが何よりも励みになりました。今は、当時ほどには数が出ませんが、そういった体験を若い子たちにもしてもらえたらと思います。

仲森　なるほど。悩みもあろうけど、葛飾北斎の飾り大皿も多くの人に買っていただけるよう真剣に取り組まなきゃならないということですね（笑）。そうらしいよ、真一さん

宮川真一　はい、がんばります。

仲森　いい返事だ（笑）。

宮川真一　それはそうと、気になることが1つあって。白状しますと、僕も父も、クルマに詳しくはないんですけれど、よかったんでしょうか。

前田　全く問題ないです（笑）。

宮川真一　とは言っても、一応、自分のクルマは持っているんです。ところが最近、若い人たちとクルマの話をすると、彼らは「クルマは特にいらんし、免許もいらんやん」と口をそろえて言うんです。彼らのような感覚を持っている人たちが日本で確実に増えているように感じま

す。

前田　おっしゃる通りですね。次の世代にも継承されていくクルマをつくるというのは、すごく難しい課題です。若い人たちのみならず、世の中全体のトレンドが、クルマに興味がない方向に進んでいますからね。

（撮影：栗原克己）

仲森　そうなった理由って、前田は何だと考えているの？

前田　いろいろあると思うけれど、日本の自動車メーカーが美しいクルマをつくってこなかったことが大きいと思ってるんだ。伝統工芸品のような美しいクルマが次々と現れていたら、それに合わせて街が変わっていたかもしれない。つまり、新たな文化を創り出す役割をクルマが担うことができたのではないかと。そうなれば、若い人たちの興味を、ずっと引きつけることができたはずでしょ。

実は欧州には、まだ「クルマ好き」の若い連中がいっぱいいる。なぜかというと、クルマを格好良く乗りこなしている年配者が多いから。要するに若者が憧れる存在がいるんだね。

仲森　個人的にはクルマとは「愛の受容体」なんだと思っているんだけど、最近はその受容体としてのキャパシティが小さくなった気がする。つまり、愛情を注ぎたい気持ちはすごくあるけど、注ぎようがないというか注ぎがいがないというか、そんなクルマが増えた気がするんだよね。街には、似た顔のクル

（撮影：栗原克己）

マばかり走ってるし（笑）。まあ、一定数以上売れるクルマをつくろうと思えば、そうなってしまうのは分かるんだけど。

前田　僕は、クルマはもっともっと美しくなれるし、もっと人を魅了できる存在になれると思っていて、それはもう信念だね。そのためにも、我々が積み重ねてきたスキルや思考を少しでも、次の世代に伝えていかなければと。この思いを実践するために「魂動塾」をつくったりしているんだ。

宮川真一　面白そうですね。

前田　魂動塾では、大学や専門学校に通っている若い人たちを集めて、カーデザインのテクニックやノウハウを教えています。そこで、ものづくりの原点のような作業を経験すると、卒業するころには立派な「クルマ好き」になっているんです（笑）。実際に、カーデザイナーになった人もいて。やっぱり体験することで伝わるものは多いようです。

宮川真一　私たちも、今年から美術を学ぶ学生をインターンとして迎えようかと考えているんです。漫画やアニメを描いている若い人たちに、うちの茶碗に好きな絵を描いてもらおうと思って。彼らにとっては、真葛焼、そこを通して「茶の湯」を知るキッカケになるでしょう。私たちにとっては、若いクリエーターの卵たちがどんなことを考えているのかを知る、またとないチャンスになります。

前田　本物の匠と接することで、若い人たちが得られるものが必ずあるはずです。若い人たちだけでなく私たちも匠の皆さんから学ぶことがたくさんあります。匠と呼ばれる方々と交流することで、ものづくりの引き出しを少しでも増やしたいと思って、これまでに新潟県燕市を拠点に鎚起銅器を作ってきた「玉川堂」や、地元の広島で伝統技法の高盛絵を守っている漆芸家の「七代金城一国斎」といった方々とコラボレーションをしてきました。

仲森　コラボレーションで何が学べた感じ？

前田　一番は「時間をかける」ということかな。ものづくりにおいて、ことアーティスティックな部分に関しては簡単には答えは出ない、だから時間をかける。そういう考え方を伝統工芸の方々から学びました。ただし、製品である以上、我々のクルマづくりも「精神論」だけでは進められない部分がある。要するに、結果を出すまでに与えられる時間が限られているということ。そうなるとすべての工程に時間をかけるわけにはいかないから、効率化できるところは徹底的にして、時間を圧縮しなければならない。伝統工芸の世界の方々から学んだことが、こうした時間のメリハリをつけた開発プロセスを考えるキッカケになりました。

仲森　真葛窯の人たちとマツダのクレイモデラーがコラボレーションして、何かつくるというのもいいんじゃない？

前田　うまく目的を設定する必要はあると思うけど、実現すれば得られるものは多いだろうね。今日、実際に作品を拝見すると、どれも立体物として非常に高いレベルで完成している。これはすごいスキルがないとできない。

仲森　真葛焼は伝統的な京焼[注2)]の技法を網羅しているから、技術の幅は広いですよね。

宮川真一　京焼の始まりは「写し」なんです。だから本来は何をやってもいいんですよ。逆に言えば「これが京焼だ」っていうものはありません。ですが、やっぱり歴代が作陶を続けてきた中で、なんとなく真葛焼の「らしさ」のようなものが出来上がっています。時代ごとの当主たちが「これはアーティスティックにやってみよう」とか「こうリファインしてみよう」とか工夫を重ねるうちに、少しずつ「真葛らしさ」が出来上がったのでしょう。

（撮影：栗原克己）

前田　床の間に飾られているオブジェは、真一さんが手掛けられた作品ですよね。独創的な形状やグラデーションのある色使いが印象的です。

宮川真一　ありがとうございます。最近作ったものですが、表面に直接文様を描いて、その上に釉薬《うわぐすり》をかけて焼き上げ

注2）　京焼は、茶の湯が流行った江戸時代に、手に入りにくい中国や朝鮮の焼き物の「写し」を作ったのが始まりといわれる。「写し」は、オリジナル作品の作風や技法に倣った作品。単なる模写ではなく、名品の特徴を捉えつつ、つくり手の創造性も加えて制作されるものとされている。

る「釉下彩《ゆうかさい》」という技法を使っています。さっき話に出た香山が、デコラティブな「高浮彫」の仕事の後、釉下彩を長い期間手掛けていたことを念頭に置き、「ワラ灰釉」という釉薬を使って色味の違いを出しました。

前田　真葛窯の一番の特徴はワラ灰釉と伺いました。これは代々受け継がれてきたものなんですか？

宮川真一　はい。真葛焼を始めた宮川長造がこの釉薬の扱いに長けていて、それが代々受け継がれてきています。いわば鰻屋さんのタレのようなものです（笑）。

前田　真葛焼の「ここだけは絶対に譲れない」っていうところはあるんですか？

宮川真一　父から常に言われていることは「品」です。

宮川香齋　私らが一番大事にしていることは「品」があるものを作る、ということなんです。形も品がいい。絵付けも色味も、品がいい。すべて「品」を基準にして作っています。私は昭和生まれで、大正生まれの親父（五代宮川香齋）と長い間一緒に仕事をしてきました。昭和の香りのする仕事をしてきたんですが、息子が仕事場に入ってから、真葛窯の様子も随分変わりました。でも「品」という基準があれば、真葛焼の伝統は受け継がれていくんやと思ってます。

仲森　「写し」ってオリジナルの作風を再現しようとして作るわけだけど、どうも自然につくり手の「らしさ」がにじみでてくるようなんだ。例えば、江戸時代には朝鮮半島で焼かれたお茶碗を手本にした写しが日本全国で作られたんだけど、よく写しているようでも、日本で作ったものは、どことなく「和」の匂いがするんだ。

前田　なるほど。その感覚は分かる。

仲森　で、不思議なことにね、日本で作られた写しでも、九州で作ったものと京焼ではやっぱり違う。京焼からは「京の香り」みたいなものがにじみ出すんだよね（笑）。

前田　僕はその「らしさ」や「匂い」が、具体的にどういうものなのかを、クルマの世界で、徹底的に掘り下げていきたいと思ってるんだ。例えばクルマのフォルムを削り出すのも、人間の手でやるのと、コンピューターを駆使してやるのでは、醸し出てくる雰囲気が全然違う。実は本当に、数値的にどう違うかを解析したことがある。すると、手で作り上げたフォルムは「間違いだらけ」。面と面のつながり方とか、いろんなところで、おかしい。面構成なんか、色や質の違うパッチワークみたいになった。デジタルで作った方は、面のつなぎとかはまさに完璧だった。

仲森　でも、コンピュータや機械では「エラー」として処理されてしまうような部分に、実は「マツダらしさ」が潜んでいたりするんだよね。

宮川真一　「真葛らしさ」の要素はいろいろ考えられると思いますが、最終的には見てくださる方々が決めるものだと思っています。自分自身は、強調しすぎず、さりげなく「らしさ」を出していけたらと心がけています。

前田　先ほどのお茶室で拝見させていただいた、長造と当代の香斎先生の茶碗は、時代を超えて相通じるものを感じさせました。あの空気感こそ「真葛らしさ」でしょうし、歴史の厚みなのでしょうね。

宮川香齋　ああ、長造の作品は、本当に行き届いていますね。

宮川真一　こちらも長造の作品です。どうぞ、ご覧ください。外には松原を描き、見込み（内側）に富士を描いています。

（撮影：栗原克己）

前田　これも江戸時代の作品なんですか。モダンアートにも通じるようなセンスを感じますね。それでいて、奥ゆかしく、品がよく……。

仲森　そう、そう（笑）。絵付けは単色で、ラフな筆のタッチだけれど、これを工業製品風に綺麗に整えたら、この魅力は生まれないと思う。幕末を代表する名工と言われた長造の、こういった「崩し方」に類いまれなセンスを感じますね。

宮川真一　それは最高の褒め言葉ですね。冬の凛とした空気の中の風景が再現されている。何気なく見せていますが、計算し尽くされた作だと思います。

前田　完璧にしないための、完璧な技巧が必要ってことなんですね。クルマのデザインにおいても、さりげなく、けれども時代を超えて人の心に訴えかける「美」を実現したいと思っているのですが、これがなかなか難しい。

仲森　難しいのは分かる。けど、2020年はマツダの創立100周年。クルマをつくり出して100年も経つわけだから、そろそろ「日本らしさ」の答えを出さないと。それこそ、前田がやるべきことでしょう。先頭に立って。

前田　それは買いかぶりすぎ（笑）。でも、答えを探しながら、前に進んでいかないとね。

宮川真一　ところで、せっかくいらしていただいたことですし、工房で絵付けを体験していきはりません？

前田　え、いいんですか⁉

宮川真一　はい、ぜひ！

仲森　おお、前田画伯の出番！　これは楽しみだ。

前田　またお前、そういうことを言う…。

第5章

ロータリーエンジンと日本刀

第5章 ロータリーエンジンと日本刀

「随分遠くまで来たね…」

「もうすぐ着くはずだよ」

ＪＲ相生駅からジャンボタクシーに揺られて小1時間。スタッフ一同、高まる期待を胸に到着したのは、兵庫県佐用郡の田園風景の中に立つ日本刀の工房だ。

刀匠の名は高見國一《たかみくにいち》。現代を代表する刀匠、河内國平《かわちくにひら》の下で修業し、独立を果たして20年。２０１８年の現代刀職展での高松宮記念賞をはじめ、数々の受賞経験がある、現在最も注目されている日本刀のつくり手の１人である。

つもる話の前に、まずは見学。実際に、ものづくりの現場を見ないことには知らないことには始まらない。

案内されたのは鍛冶場。一歩足を踏み入れると、戸外ののどかさとは対照的な暗がりが待ち受ける。やがて始まる鍛錬の工程を前にその空間には、息を潜めたくなるほどの緊張感が張り詰めていた…。

（撮影：栗原克己）

前田　いやー、すごいですね。鍛練の工程を初めて拝見させていただきましたが、それを見ているだけで自然に刀への畏敬の念が湧いてきました。

高見　ありがとうございます。

仲森　前田は、髙見さんとお弟子さんが真っ赤になった玉鋼《たまはがね》をたたいているすぐそばまで寄っていってたよね。火花とかバンバン飛ぶけど、怖くなかった？

前田　一振り一振りにかける髙見さんの迫力を感じて、思わず引き寄せられていったって感じ。でも、火花にはさすがにびっくりしたよ。慌てて体を引くくらい（笑）。

仲森　あそこまで近づく勇気はすごいわ（笑）。髙見さんにお伺いしたいのですが、刀の素材の玉鋼は、鍛錬することで刀に適した性質を備えるようになるんですよね？

高見　はい。素材をそのまま使えたら一番いいんですけど、熱してたたくことで、不純物を出していかないといけないんです。

前田　そうですか、鍛錬は余分なものをそぎ落と

（撮影：栗原克己）

して、純粋な鉄にしていく作業なんですね。

仲森　不思議なことに玉鋼は、刀匠が鍛錬することで恐ろしい性能を獲得するらしいんだ。髙見さんの師匠の河内先生のところに某大学の教授が来られて、いろいろセンサーとか仕掛けて、試料もいろいろ採取して細かく分析したらしいんだよね。後日その結果が出たということで電話があって、開口一番「理論値を超えてました」なんて言われたって。そもそも、平たくして折り返した玉鋼が、たたくことでくっつくっていうことすら、金属学ではうまく説明できないと聞いたことがあるよ。

前田　作刀には現代のテクノロジーでは解明し切れない、神秘みたいな部分が残されているんですね。

仲森　作刀には、鍛錬のほかにどんな工程があるんですか。

髙見　玉鋼を「積み沸かし」して、「鍛練」、心金《しんがね》と呼ばれる軟らかい鉄を組み合わせる「造り込み」、刀の形にする「火造り」、さらに「土置き」「焼き入れ」「鍛冶研ぎ」「銘切り」などを

（撮影：栗原克巳）

髙見國一 氏

1992年、高校卒業後、刀工・河内國平（無鑑査、奈良県無形文化財保持者）に入門。師に日本刀製作を学ぶ。その傍ら柳村仙寿氏（無鑑査、岡山県指定重要無形文化財保持者）に刀樋やタガネの基本を学び、「日刀保たたら」村下養成員としてたたら操業に従事するなど研鑽を積む。98年に文化庁より「美術刀剣類製作承認（日本刀を製作する許可）」を受け、1999年独立。髙見國一鍛刀場を設立する。2002年の優秀賞受賞以来、新作名刀展に毎年入賞。2010年の日本美術刀剣保存協会会長賞、2015年の寒山賞、2018年の高松宮記念賞（現代刀職展）をはじめ、特賞、最高賞を数多く受賞。

行います。最後の仕上げ研ぎは、研師《とぎし》さんにお願いします。

前田 最後の研ぎは自分ではやらないんですか？

髙見 やらないです。専門の方にやっていただくと、仕上がりがまるで違ってきますので。

仲森 歴史的に見ると、研師さんは単なる研ぎの職人ではなくって、鑑定家という側面も持っているんだ。歴代の名刀のデータもインプットされている、いわば「美」を見極めるプロ。実用に徹する場合はともかく、美術品として綺麗に仕上げる際には、欠かせない存在だと思う。そうそう、「乙御前」の作者、本阿弥光悦も、日本で最高の芸術家とか言われるけど、本職は研師だったんだよ。

前田 なるほどね。僕が気になったのは、その直前の工程まで、時間をかけて一生懸命に作って、最後に「どうぞ」って別の人に渡すのは相当の覚悟がいるだろうな、ということ。僕は、最後の最後まで筆を入れたくなる性分だから（笑）。

仲森 前田らしいわ。でも実際、機械を職人さんたちみたいに使いこなせるわけじゃないでしょ？

前田 もちろんその通り（笑）。だけど、工場からラインアウトするところまでずっと見ていたい。細部に至るまで思い入れがあるから、任せっきりではなくて自分の考えや意見をどうしても言いたくなる。

髙見 僕も言いますよ。こうしてほしい、ああしてほしい、と。研師との二人三脚で完成させていくというイメージです。時にはあちらから「こうした方がいい」とか「古い刀はこうなっている」と意見されることもありますが、そういった言葉にも耳を傾けるよう心がけています。逆に僕も相手の仕事を「良くない」と、思い切って言うときもありますし。

前田　その緊張感のある関係、いいなあ（笑）。ものづくりに真剣な人間同士ならではの関係。

仲森　研ぎは、刀鍛冶と研師のせめぎ合いでもあるんですね。

高見　お互い人間ですから、時には言い合いになったりもするんですけれどね。ただ、気持ちをぶつけ合うことで、互いのことを理解できるようになったりもする。コミュニケーションを

（撮影：栗原克巳）

重ねることで、より良いものができますから。

前田　マツダのケースでいうと、我々デザイナーは、つくり上げたデザインをデジタルデータに落とし込んで次の工程に渡すんです。そのデータから、デザインを量産するための基盤となる金型を作るのが工場の職人たちなんですが、少し前までは、この間のコミュニケーションがなかったんです。現場は、送られてきたデジタルデータの数字の羅列を読むだけで、金型を作っていた。

それを「魂動」というデザインテーマを導入するのと前後して、デザインをつくっている段階で金型づくりに携わる人たちを呼んで、どういう形をどういった意図でつくっているかを丁寧に説明するようにしたんです。最初はなかなかうまくいきませんでしたが、次第にデザインの意図を理解してもらえるようになって、今では、以心伝心といってもいいほどの関係になりました。そのおかげか、出来上がる金型の精度も一気に上がったんです。

高見　僕らも研師さんに対して「こういうふうにしたいと考えて作ったから、こうなるはずや」と伝えるように心がけています。そうすると、向こうも意図を理解して努力してくれますしね。

前田　実際、完成した金型が、コミュニケーションを取る前と後で、どれくらい変わったのか測定してみても、コンマいくらか以下の違いでしかないんですよね。けれども、その最後の一筆が、最終的にはとても大きな違いになるんです。

高見　分かります。刀においても、コンマ単位の違いが、出来栄えに大きな差を生じさせます。私の師匠も「髪の毛1本分の線の違い」を見分ける大切さを常々語っています。

前田　やはりそうなんですね。我々は、その考えに基づいて、さらにクルマづくりを深化させたくて、金型の切削の刃物の動きにも気を配ろうという話をしているんです。

髙見　詳しく聞かせていただけませんか。

前田　金型は大まかにいうと、鉄のブロックをデザインデータ通りに切削して作るのですが、その際の刃物の動きを、デザインの原型を作るモデラーが、クレイモデルを作るときの手の動きにシンクロさせようと思っているんです。刃物をどのように動かそうが、出来上がるものは同じだけれど、手の微妙な動きを再現しながら削れば、リフレクション、光の反射の仕方が微妙に変わるはずだ、と。

仲森　すごいなぁ。そこまで追い込んで作らないと、前田が考える「美しさ」の基準にまでクルマのクオリティが引き上げられないということか。そんなことをやろうとする人たちがいる自動車メーカーって、今の効率至上主義の社会では奇跡的なことかも(笑)。

髙見　多分、ご自分たちがつくられているクル

クレイモデルを作るための道具　（写真提供：マツダ）

マを、ただの「製品」とは見ていらっしゃらないですよね。

前田　ええ。我々は自分たちのクルマを「作品」だと思ってつくっています。

髙見　なるほどなあ。僕の弟子が、前田さんの本を熟読していて、今回のお話をいただいたときに「親方、こんなクルマです」って見せてくれたんですよ。魂動デザインのクルマ、やっぱり美しいですね。

前田　ありがとうございます。

仲森　刀に携わる方には、なぜかクルマ好きが多いような気がするなぁ。金属つながりってこと？

髙見　確かに刀に携わる人は大概「クルマ好き」ですね。仲良くさせていただいている研師さんにも

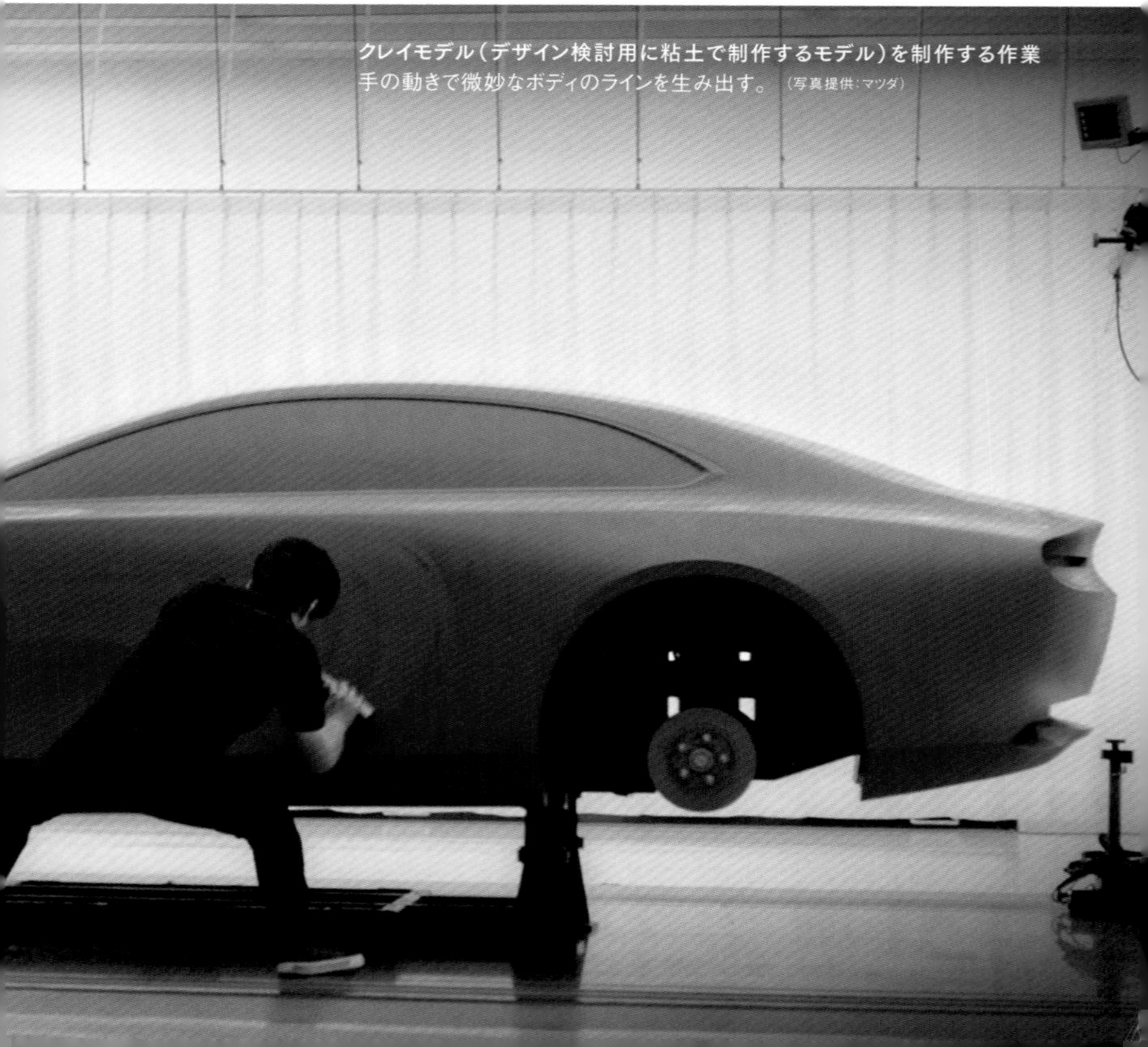

クレイモデル（デザイン検討用に粘土で制作するモデル）を制作する作業
手の動きで微妙なボディのラインを生み出す。（写真提供：マツダ）

「髙見君、前田さんにお会いするんだったら、小型ロータリーエンジンがつくれるか、聞いといて」って言われました。

前田　我々はお互いに「金属フェチ」なんでしょうね（笑）。今は樹脂素材を使ったパーツも多いんですが、やっぱり、クルマをクルマたらしめているのは「鉄」なんですよ。その証拠に樹脂の部分が目立つようなデザインのクルマは、どうしてもチープな印象になってしまう。

仲森　エンジンなんて、まさに鉄の塊。そこに魅力を感じて美しいと感じる人は確実にいるんだろうね。前に話したような、デジタルの腕時計がシェアの9割を占める中であえて機械式の腕時計を選ぶ人と同じで。

髙見　まだ修業時代のころですが、マツダの工場の中で、定年間近の技術者の方が、若い子たちに、ロータリーエンジンの回っている音で、異常を聞き取る方法をレクチャーするドキュメンタリー番組を見たことがあります。

前田　はい、確かにそんな番組がありました。ご覧になったんですね。

髙見　「すごいな、この技術」って。自分も修業中で、必死になって技術を身につけようとしていた時期だったから、ひときわ心に染みたのかもしれません。そういう職人さんの技術があってこそのロータリーエンジンだったと感じたものですが、自動車産業界での技術継承は、どうなっているのでしょう？

（写真提供：マツダ）

前田　積極的にはされていないかもしれません。常に新しいテクノロジーで問題点を改良していこうとしていますから。昔の職人が「これは問題だ」と感じるような音は、コンピュータに「データ」として記録されているので、異常を正確に検知することはできます。ただ、先人の「勘」を含めた技術が、次の世代に本当に伝承されているかに関しては難しいところですね。

髙見　僕らは、習ったことを極力素直に身につけて、次の世代にもできる限りすべてを教えて、が基本です。日本刀は、戦後、ＧＨＱに武器として所持や製造を禁止された時期[注1]に、技術も衰退した歴史があるので、親方やその上の世代の方々は、弟子を育てること、伝承の大切さを説かれていますから。

仲森　刀は、刃物としては世界最強だと思うし、平安時代から連綿と続く歴史もある。作刀に関わる方たちとお話をしていると、「それをこの時代になくしてなるものか」という強烈な思いを感じますね。

前田　でも、修業も楽ではないでしょう。刀匠になるには最低でも5年は親方の下で修業しなければならないと聞きましたが、寝ても覚めても刀だけ、という状況に耐えられずに途中でやめる子も多いんじゃないですか。

仲森　そういえば髙見さんの師匠のところでは、3日でやめた子もいるって聞きましたけれど。

髙見　いたかもしれません。でも、きつい修業時代に、24時間どれだけ刀のことにどっぷり漬かれるかで、刀匠としての人生が決まります。私たちの世代も、弟子たちに自分たち

注1）　その後「美術品」として所持、製造を許可され、現在に至る。

（写真提供：マツダ）

がやってきたことを体験してもらい、技術を身につけてもらわないといけない。しんどい、汚い、危ないと、周りが気を使ったりしたら、いつまでたっても修業は終わりません。

前田　クルマの世界でも若手のデザイナーの育成はなかなか難しいんですよ。やはり10年は下積みをやらないと、クルマの「形」っていうものはつくれない。簡単じゃないんです。その下積みの間に、どんなことをどれだけ経験するかが、すごく重要になってきます。若手たちを見ていても、結局、本当にクルマが好きなやつしか持ちこたえられていないんですね。まあ、マツダのデザイン部門は厳しいと、業界では言われているんですけれど（笑）。

髙見　今の若い世代は、クルマを持たない子が多いと聞きますが。

前田　確かにそういった傾向はありますが、両極化しています。ものすごく「濃い」クルマ好きの子たちもいます。我々50代、60代の「クルマ好き」に匹敵するような。

仲森　そういえばこの前、出張先で夜の裏路地を歩いていたら、三脚を立てて熱

（撮影：栗原克己）

心に写真を撮っている若い男がいたんだ。話しかけてみたら「自分のクルマを撮っているんです」って言う。「この角度、この街灯の下で見たときが一番格好いいんですよ」って。まだこういう子もいるんだって感動したよ（笑）。

前田　非常に正しい青年だね（笑）。そういう若い世代の人がいるんです。モーターショーに参加すると、たまに小学生くらいのお子さんが、展示車の横で一生懸命、絵を描いている姿を見かけるんですよ。そういう子から、僕に手紙が来たことがあるんです。「絶対、将来マツダのデザイナーになります」って書いてあった。これはね、もう、ものすごくうれしいわけです。さっきの話じゃないですけれど、彼らに「勘」や「思い」も含めたクルマづくりの伝統をきちんと引き継がなければという思いになりますよ。

髙見　いいお話ですね。僕も「クルマ好き」の端くれとして、若いころはアンフィニMS8[注2]にも乗っていたので、カーデザイナーに憧れて手紙を出す子の気持ち、分かる気がします。

前田　MS8に乗ってくれていたんですか！うれしいなぁ（笑）。

仲森　そういえば、先ほどの鍛錬、まだあの迫力の余韻が残っているんですけれど、向鎚[注3]は、お弟子さんですか？

髙見　ええ、そうです。弟子入りしてまだ半年ですが、実は今日初めて「向鎚」を振るったん

注2）マツダが1992年～1997年にかけて販売した4ドアハードトップ・サルーン。
注3）師匠の指示に従って鉄をたたく助手役。

ですよ。

前田　おお、それはすごいタイミング！

仲森　前田やカメラマンの栗原さんがすぐそばまで近寄っていたけど、ちっとも動じていませんでしたね。初めてなのに、よく集中できるなあ（笑）。

前田　初仕事の邪魔をしてしまったようで。

弟子（小田道哉氏）　いえ、大丈夫です（笑）。

前田　そうだとしたら、邪魔が目に入らないくらい集中していたんでしょう。とにかく親方の言うことを守ろうと。いい継承者になれそうですね。

高見　はい。これからも頑張ってくれたらと思っています。

仲森　さっきも話に出たけれど、カーデザインでも、刀づくりでも、10年くらい厳しい下積みがありますよね。よっぽど好きじゃないと、好き過ぎるくらい好きでないと耐えられないのではと思いますが。

前田　好きなことを仕事にしたつもりでも、現実には嫌なことがたくさんある。それを含めて生半可じゃない覚悟を持たないと続けられないでしょう。

高見　一緒に修業した弟子仲間の中には、天才的なやつもいましたけれど、刀匠にはなれなかった。やっぱり、心底好きじゃないから続けられなかったんでしょうね。あと、器用なやつはあまり残っていないですね。上手で仕事できるやつは遊びも上手だから、ついそっちに目が向いて、仕事がおろそかになってしまうのかも。下手くそだけど「これしかない」ってしがみつい

（撮影：栗原克己）

（撮影：栗原克己）

てやっているやつの方が、ものになっていることが多い。僕もその口ですけれど(笑)。

仲森 驚きました。髙見さんの師匠である河内國平先生も、全く同じことをおっしゃっています。「上手いやつは、どうも危ない」って。不思議なことに、弟子のころすごかったやつが大成することは、ほとんどないっていう話です。髙見さんもさすが師弟で、同じようなことを感じておられたんですね。そういえば、仕事場の雰囲気も、河内先生の仕事場とすごく似ていてびっくりしました。

髙見 もし「仕事場の雰囲気が似ている」とおっしゃっていただけるなら、親方も喜んでくれると思います。おそらく、いろいろ自然に似てくるんですね。親方のことをすごいと思っていて、自分もそうなりたいと思ったら、まずは真似るしかないですから。

例えば、床1つとっても、コンクリートにしている方もいますけれど、僕ら河内一門は、焼き入れしたものを落としたときに、切っ先が折れて飛ぶかもしれないから、昔ながらの土を固めた土間にしています。それがいいと親方に教えられているんです。僕の弟子にも、そういった一門の伝統を受け継いでもらいたいな、と思っています。もちろん、考え方を理解した上でだったら、どんどん変えていってくれてもいいんですけれどね。

前田 師匠から教えてもらったものに関して、変えなきゃという意識もあるわけですね?

髙見 ええ。親方から教わったことが、どうにかできるようになったら、プラスアルファで自分なりの味つけをしていかないと、作品として後世に残らないと思っています。ただ、まずは、親方の教えを身につけないと始まりませんし、自分の作品が人から良いと認められてからの話ですが。

前田　親方の領域には近づいていますか？

高見　いいえ。親方が生きているうちは無理でしょう。いくら世間から評価されても、親方は「あいつ、ええもん作ったな、じゃあ俺も」と頑張られて、さらにいいものを作られるので。やっぱり親方あっての僕なんです。

仲森　どこまでも尊敬できる師匠の存在は大きいですね。お山の大将になっちゃうと、そこから先の伸びしろがなくなるし。まあ、刀の世界は、それこそ平安時代からの名作が数多く存在するから「これでいい」とはならないでしょうけれど。

高見　確かに「もうこれでいい」と思ったことは一度もないですね。もっと良いものを作れたかなって常に感じていますから。

前田　上には上がいますしね。僕も「100％満足した」って感じたことは一度もないですね。一生ないんでしょうね。多分。

高見　ないんでしょうね。「君の最高傑作ができたら買うよ」っておっしゃる方がたまにいるんですけど、僕からすれば「死ぬまでお前の作品は買わへん」と言われているのと同じ。「この人、意地悪やな」と思いますよ（笑）。

前田　最初期のころの作品とか、今見てどう感じますか？

高見　いや、もう、一言では言えないです（笑）。「この時は、ほんまがむしゃらに一生懸命作ったな」っていう思いだけはあるんですね。その必死さだけは負けませんよね。

前田　ああ、分かります。逆に必死過ぎて、自分の作品なのに切なく見えることがある。僕も先日、自分の修業時代のラフスケッチとかを見返す機会があったんですが、やらなくてもいいことをいっぱい重ねているんですよ。肩に力が入りまくっていて「ちょっと力抜けよ」って言ってやりたくなる（笑）。

高見　年を取っていくと、そういう無駄な力も抜けていくんでしょうか？

前田　若いころとはまた違った境地になるものかもしれないですね。今、僕がクルマのデザインでやろうとしているのは、若いころとは真逆の「引いていくこと」なんです。とにかく要素を少なくする。そうすることで魅力が落ちるようでは、まだダメ。削ることで、さらに魅力が増す。そんなギリギリまで研ぎ澄まされたものをつくることを目指しているんです。

高見　ここ数年、同じようなことを思っているんです。過去に作られた名刀を見て感じるのが、まさに「引き算の美学」。現代刀は「時間をかければいいものができる」という考えにとらわ

（撮影：栗原克己）

れ、手をかけ過ぎてきたのではないか、という反省があり、いかに無駄なことをせず、短い時間で作品ができたら、と考えています。もちろん、手を抜くのではなく。

前田　デザインもそうだけれど、あれこれ真面目に考えると、つい何かを加えていきたくなるんですよ。それは「ないこと」が怖いからなんですけれど。

仲森　「あれもあります」「これもやっておきました」といろいろな要素を乗せていくことで、何か安心しちゃうし、「仕事しました感」も高まっていったりするわけだけど、実は、やればやるほど作品のクオリティーは落ちていったりする。

前田　そう。だから、乗せるのを我慢して我慢して、研ぎ澄ましていくという行為が必要だと感じているんです。先ほど、髙見さんのお仕事を拝見していて、感じたことがあったんですよ。

髙見　何でしょうか。

前田　火花を飛ばしながら豪快にやっているように見えるけれど、たたく位置を細かく指示し

（撮影：栗原克己）

ながら、鋼を鍛え上げていく。とても繊細な作業をされているんですよね。しかも、素人目に見ても、余計なことはしてないし、動きに無駄がない。「この人は、刀という作品を生み出すために、鉄の塊を、自らの手で練り込み、研ぎ澄ましていっているんだな」と。まさに「鍛練」という言葉をそのまま体現するお仕事だと感じたんです。

高見　ありがとうございます。

仲森　前田や僕が好きな1960年代のクルマづくりも、デザインの段階から手で練り込んでいくという意味で、「鍛練」に似たところがあったのかもしれないですね。

前田　確かに、プレスで成型ができなかったころは、手でたたいて型を作っていました。いわゆる「手仕事」だから、左右が完全な対称にはならずにいろいろなところが微妙にゆがんでいる。でも丁寧に作られているからこそ、その非対称さに「味」が出るんです。

高見　刀もそうですね。僕らが「真っすぐや」言うても完全な直線ではないし、研師が研ぎ上げても、左右均等にはならない。だからといって、機械的にきっちりさせてしまうと、何か違和感が出てくるはずです。

前田　均一にやろうと思ったら機械でやればいいけれど、本当に良いものができるかといったら、疑問が残りますよね。刀のフォルムだって、計測器で測った通りに断ち切ってもできるんだろうけれども、良いものにはならない気がします。

高見　ええ。面白くも何ともないでしょうね。

仲森　真ん中をたたいたつもりなのにズレてしまった、みたいなエラーが、実は「味」になっ

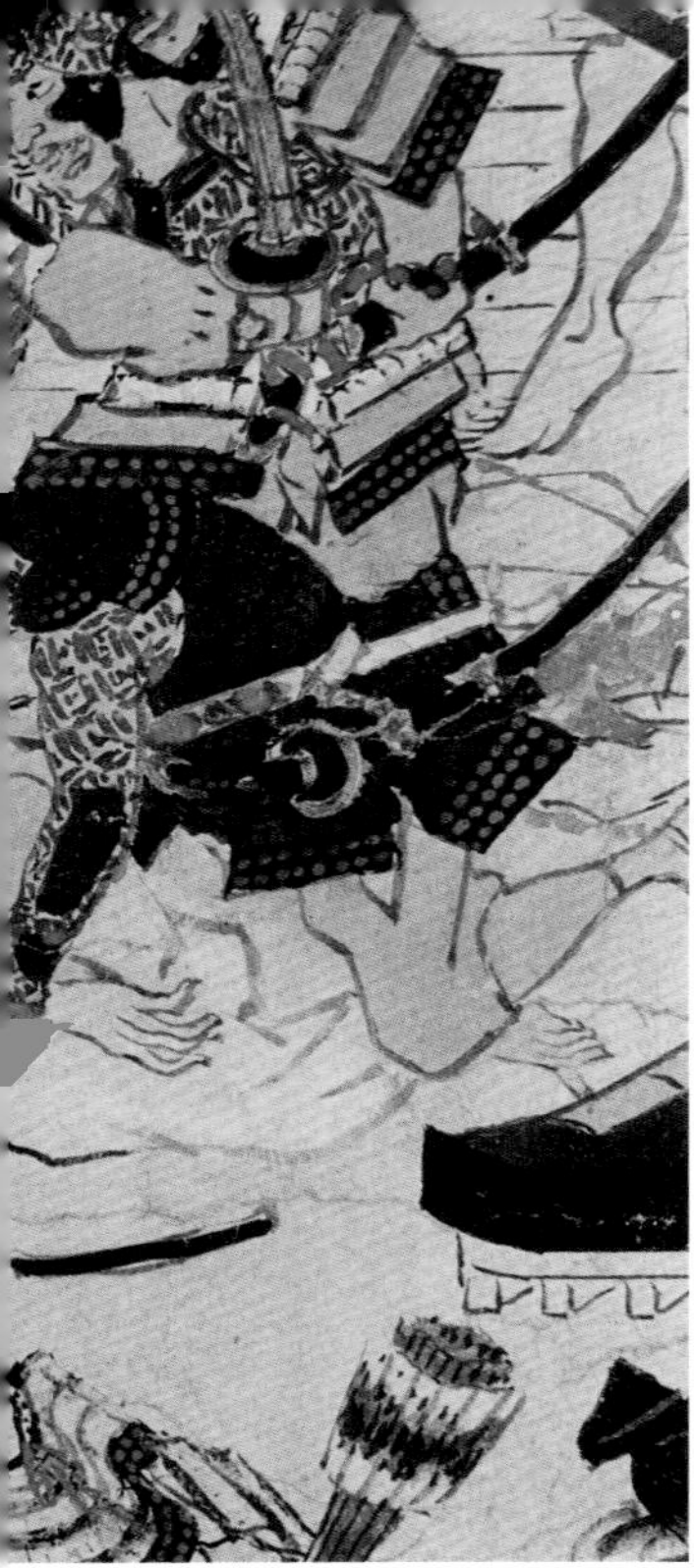

ていくということが、手仕事の世界にはありますよね。

前田　さっきお弟子さんが、向鎚を打っているとき「そこじゃない！　真ん中を！」って髙見さんが指導していたけど、あの外した鎚の跡が、いい感じになるかもしれない（笑）。

髙見　そうですね。それも、上手い人が意図して外すんじゃなくて、一生懸命やっている人が偶然に外してしまったという方が、結果的にいいものができるような気がします。「気持ち」ってやっぱり出来栄えに大きく影響すると思う。

前田　ちなみに、今、目指していらっしゃるものはあるんですか？

髙見　はい。刀っていうのは鎌倉時代のものが最高と言われているのですが、当時の刀は残っていても、技術は伝承されていないんです。前田さんが、自動車産業はかつての職人さんたちの知見を継承しきれていないかも、とおっしゃっていましたが、実は刀の世界も同じなんですね。今、刀を作っているといっても、鎌倉時代以前と同じものは作れていない。僕は親方と一緒に、その鎌倉時代の、製法や技術を、1つひとつ追い求めさせてもらっているんです。昔の人がどう

「平治物語絵巻 三条殿夜討の巻」(ボストン美術館蔵)　平安時代末期に起きた平治の乱を描いた絵巻の一部。13世紀後半の作。(Getty Images/Burstein Collection)

やって作刀して、あれだけの名作を生み出したかを見つけていくのが、今の目標です。

前田　歴代の刀匠たちが解明できなかったことなんですね。

高見　そうなんです。まだ誰も分からない。だから調べていくのが、楽しくて仕方ない(笑)。しかも、もしできたらすごいことになります。ずっと途絶えていた技術がよみがえるんですから。それも楽しみなんです。

仲森　河内國平先生も、以前にお話しさせていただいたときに「ええとこまで来てるんや」って、心底うれしそうにおっしゃっていた。そこまで熱中して追求できることがあるなんて、本当に素晴らしいことですね。

前田　楽しそうだなあ。

仲森　うん。すごく楽しそう。そうそう、ふと思いついたんだけど、刀の曲線をクルマに移植することなんてできないもの？

髙見　前田さん、実はもう取り入れているんじゃないですか。

前田　おっしゃる通り。

仲森　そうだったんだ（笑）。

前田　うん。「ビジョンクーペ」（２０１７年に発表したコンセプトモデル）には、刀の反りも吟味して取り入れた。先ほども髙見さんの作品を鑑賞させていただきましたけれど、刀の綺麗なカーブって、本当にずっと見ていたくなりますからね。

仲森　ビジョンクーペは、ボディーに周りの環境をどう映しこむかを意識してつくっているんだったよね。刀もそう。見るたびに何か発見があると

ビジョンクーペ　（写真提供：マツダ）

ころが素晴らしいのであって、自分の気分や環境の変化で見え方がまるで異なってくる。

髙見　おっしゃる通り、見るたびに、景色が変わるところが刀の良さですね。つらい思いのときに、刀を無心になって鑑賞することで慰められた、という話をしてくださる方もいらっしゃいます。「クルマ」も一緒ですよね。1人で乗ったり、見たりすることで、癒やされることってあると思います。

前田　クルマに癒やしを求めるという方は、多いですよね。僕もその1人ですけれど（笑）。

仲森　刀やクルマに限らず、思わず見とれてしまうような要素が、歴史に残るような名作には共通して宿っているのかもしれないですね。いっそのこと、2人でコラボして「魂動」っていう銘の刀を作るとかどう？

前田　面白い！

髙見　面白そうですね！

第6章

「やっぱり言い訳は、
あかんと思います」

第6章 「やっぱり言い訳は、あかんと思います」

「前田さぁ、古美術とかには興味ある？」

「実際に買ったり集めたりしたことはないけれど、美しいものなら何でも好きだよ」

「じゃあ、今度はそっちに行ってみようか」

ここは、京都、祇園の一角にある古門前通。江戸時代から続く古美術街として知られるこの通りに店を構える「てっさい堂」が今回の訪問先だ。

対談のお相手をしていただくのは、同店で書画を扱う貴道《きどう》俊行さんと、豆皿や帯留の収集家でもあるお母様の裕子さん。古美術商の家に生まれ、ジャンルにとらわれず「美しいモノ」が大好きなお2人だ。てっさい堂は、仲森が若輩のころから通った場所。そこを舞台にあうんの呼吸の4人が、芳醇な「ものづくり」論を展開していく。

そして話題は、本丸でもある「クルマ論」に。小さいころから本気でカーデザイナーになりたかったという、玄人はだしの俊行さんに、前田はどう立ち向かうのか。

（撮影：栗原克己）

前田　ここに掛かっているのが、仲森が持っている良寛注1)の書なの？

仲森　そう。てっさい堂さんがお持ちの素晴らしい画や書を拝見させていただく前に、ちょっとだけ前田に自慢したくてね（笑）。表具を替えるために京都の表具師さんに預けていたんだけど、さっき持ってきたんだ。

前田　パッと見の印象で気になったのは、文字とその周りの「間」の取り方。なんとなくだけど、詰まっているような気がする。

仲森　すごいところを見るなぁ。これ、詩稿っていって、良寛が詩の草稿を書き付けたノートの切れっ端みたいなものなんだ。当時、紙は貴重品だったから、作品として書いたものより間を詰めているのかもね。

前田　下書きノートだったわけね（笑）。

仲森　良寛の書は、書かれた当時から今日に至るまで絶大な人気を保ち続けているけれど、とてもカッコいい流麗な書とはいえなくて、むしろ子供が書いた文字みたい。良寛自身は、相当に書の鍛錬をされた方なんだけど、そ

注1）大愚良寛《たいぐりょうかん》。宝暦8年10月2日（1758年11月2日）～天保2年1月6日（1831年2月18日）。江戸時代後期の曹洞宗の僧侶、歌人。天衣無縫な書は多くの人を魅了し続けている。

れをみじんも感じさせないところがすごい。これは下書きだから、余計に良寛らしさ全開なんだよね。

前田　うん。稚拙に見えるけど、見れば見るほど味わいが出てくる感じだね。

貴道俊行　「作品について、それに詳しい人に尋ねるより、それが好きで好きでしょうがないという人の話は面白いし、そういう人と一緒に見る機会があれば、何か発見がある」と、父（故貴道昂《あきら》氏。妻の裕子さんとてっさい堂を始める。書画の目利きとして知られた）が、生前申しておりました。仲森様のように、その書が好きで、書本位の表装を、延命を、と考えられる方と見るのが、書画や骨董の一番良い見方なのかもしれません。

（撮影：栗原克己）

前田　だったら仲森に感謝しないとね（笑）。それはそうと、先ほどお店の方で素晴らしい陶磁器の数々を拝見させていただきました。中でも印象的だったのが「古伊万里」（注2）ですが、あれは江戸時代にヨーロッパに輸出されて大人気となったと聞きました。

貴道裕子　そうですね。海外からのニーズにうまく応えて、高く評価されるようになったんです。

貴道俊行　ただ、ヨーロッパに渡ったものは、全体の中のほんの何割かだけなんですよ。「鍋島焼」（注3）などはヨーロッパには輸出されていないはずです。

前田　そうだったんですね。

仲森　柿右衛門[注4]などがヨーロッパに輸出され、そこで高く評価されて、「これ、そんなに良いものだったの」と日本人が逆に驚く、みたいな感じだったんでしょうね。自分たちの国でつくったものの魅力を海外の人に発見してもらったみたいな。浮世絵にもこの「評価の逆輸入」みたいな現象があったけれど、前田も同じような経験をしたんじゃなかったっけ？

前田　そうそう、魂動デザインを打ち出して最初に発表したコンセプトカー「ＳＨＩＮＡＲＩ」は、まずイタリアでお披露目したんだけれど、現地のヨーロッパの人たちに「すごく日本を感じさせて、心に響いた」と言ってもらえた。その評判を聞いた日本人からは逆に、「へー、そんな評価のされ

注２）　江戸時代に現在の佐賀県有田町を中心とする地域で製作された陶磁器全般。国内外において骨董的価値を高く評価される。

注３）　鍋島藩直営の窯で製造された高級磁器。

注４）　江戸初期の作家、酒井田柿右衛門が創始したとされる大和絵風の図柄を特徴とする磁器の様式。

貴道俊行氏　（撮影：栗原克己）

方をするのか」とびっくりされたりして。

貴道俊行　なるほど。日本では日本的と思われないものがヨーロッパでは日本的と感じられて、それがすごくいいと認められたんですね。

前田　２０１７年に発表したコンセプトモデルの「ビジョンクーペ」では驚く体験もしました。あのクルマに込めたテーマは「凛」だったのですが、この「凛とした空気感」って言葉、英語などにはうまく訳せない、日本独特の美意識なんですね。だから、どこまで海外の方に伝わるか、発表するまで不安でもあったんです。ところが、我々の意図をひと目で見抜いて「和を感じるクルマだ」という感想をくれたイタリア人の方がおられました。すごいクルマの目利きとして知られていて、ヴィンテージカーのコレクターでもある方なのですが。

貴道裕子氏（撮影：栗原克己）

仲森　どの分野にも少数だけど存在する、本当に微妙な本質が分かる人なんでしょう。

前田　そう。クルマはもともとヨーロッパが発祥の地。カーデザインの本場といえばやっぱりイタリア。その地に生まれ育って、クルマのつくり方や伝統などをすべて肌感覚のレベルで分かっている方には、僕がクルマに込めたメッセージを見抜かれた。ショックですらありました。

貴道俊行　ショックって言われるけど、本当はうれしかったんと違いますか？

前田　その通り（笑）。本場の目利きに評価された。このことが素直にうれしかった。

仲森　海外の方が、日本よりも「日本らしさ」に敏感に反応する傾向があるというのは、クルマの世界でも同じなんでしょうね。そういえばこの前、前田と「80年代で何かが死んだ」っていう話をしたんです。

貴道俊行　面白そうな話です。

仲森　僕たちにとって、少々お金を積んででも欲しくなる古いクルマがある一方で、ある時期を境に、食指が動かなくなってしまう。そうなるのは、デザインの本質的な「何か」の有無が関係しているのでは、という話だったんですけど、今、前田がつくってるクルマが、何十年と時を経てヴィンテージになったときに、どういう評価を受けるか興味あるよね。

前田　そうだね。効率重視でEVや自動運転化が進んで、まさにクルマの概念が変わってしまいそうな今だからこそいいクルマをつくりたいと思っているけれど。

貴道俊行　少し話が変わるかもしれないですが、今、掛けさせていただいた盤珪禅師注5）の円

注5）盤珪《ばんけい》永琢《ようたく》。元和8年3月8日（1622年4月18日）〜元禄6年9月3日（1693年10月2日）。江戸時代前期の臨済宗の僧。諡号は仏智弘済禅師・大法正眼国師。

相[注6]には、円を月に見立て「月は虚《こ》にありて、欠けることも、余ることもない」と書いてあります。私は「虚にありて」の箇所を「主観や客観といった理性のフィルターを介さずに」「月そのものになってしまえば…」と解釈しています。

優れた作品と向き合い、作者の思いや意図を「私」という尺度で測ろうとしても、及ばないのは当たり前。自分より優れた作品と出会ったおかげで、思い込みが転じたり、自身の尺度が少しでも伸ばせたなら、と作品との出会いをそのように考えるキッカケとなりました。そのような体験を経ることが、作品との関わりだと思いますし、その距離が縮まるほど「作品になれる」のではないでしょうか。

前田　深い話ですね。そこまで後世の人たちに感じてもらえる作品づくりこそ、クルマづくりに携わる我々が目指すべきことです。

貴道俊行　僕は、及ばずながら、作者の考えに想いを馳せ、意図を理解しようともするんです。我々が商わせていただく作品のほとんどは、作者がもう亡くなっています。ご本人に聞くわけにはいきません。となれば、例えばですが同じ作者の年代が違う作品や、時代背景を共有するであろう他者の作品などからアプローチしていく。そうすることで、客観的な「作者の言い分」が見えてくるような気がするんです。「クルマ」も、それを単なる機械と思わない人の目には、そのように映っているのではないでしょうか。

仲森　俊行さん、えらいクルマの目利きですねぇ（笑）。

貴道俊行　いやいや、好きなだけです（笑）。でもね、クルマには、その生みの親たる人々の行動が、まっすぐ「形」や「機能」に表れるはずなんです。生みの親の「熱き信念」は、クルマに興味がない人にも伝わると思います。一方で、「あ、ここは妥協したんかな」と思うこともあります。デザイナーさんたちの言い訳めいたものを感じるんですが、どんな理由があっても、やっぱり言い訳はあかんと思います。

前田　うーん、我々カーデザイナーは襟を正さないといけないですね。「言い訳ありきのデザイン」、指摘されれば確かにあります。いろいろ説明を聞かされて、「それって全部言い訳なんじゃない」と思えるときすらある。その言い訳がケレン味や妥協感みたいなものになって現れる。形に出てしまう。それは、やっぱりダメ。そこは肝に銘じないと。

貴道俊行　そう思います。

前田　ただ、ここで名作の数々を拝見していると、これらの作者のことがうらやましくも感じ

（撮影：栗原克己）

注6）　禅における書画の1つ。図形の丸を一筆で描いたもの。「一円相《いちえんそう》」「円相図《えんそうず》」などとも呼ばれる。悟りや真理、仏性、宇宙全体などを円形で象徴的に表現したものとされる。

ます。1作、魂を込めて作って、後世に残す。我々カーデザイナーは、1つの車種をデザインすると、それを100万台規模で市場に出すことになります。これは僕の願望なんですが、特別なクルマを1台だけ、誰か特定の人に向けて作ってみたいと感じたりもするんです。至高の1台を、それこそ手でたたいて作ってみたい。

貴道裕子　私がこの仕事をしてきて思うことは「数をたくさん作っておかなければ、絶対に残らない」ということです。1人の人に1台だけ作ったものは、たとえどんなに良いものでも、後世に残らないと思いますよ。

前田　そうなんですか。

貴道裕子　ええ。骨董や書画も、数を作ったからこそ今でも残っているんです。例えば昔の絵描きさんは、

（撮影：栗原克己）

電気もない上に、今よりずっと寿命も短かかったと思うけど、その中で精いっぱい、作品を描いていたんですね。生涯かけて描き続けた結果、今、名作として世の中に残っているんです。

前田　カーデザイナーも、数多く世に送り出すことに誇りを持っていいんですね。

仲森　多ければいいということでもないでしょうけどね（笑）。このお店にあるものって、何百年もの間ずっと評価され続けて残っているものばかり。時々の人が愛し、残そうと思ったから残ったんだと思います。これまでいろいろ取材させていただいた中で、「デザインや商品企画の1つの方法論として、買い換え需要を喚起するために、あえて数年たったら陳腐化するようなものに仕立てるべき」みたいなことを言う方が少なからずいらっしゃいました。けど、そのような考え方でつくったものがどれだけ残るものか。

前田　うん。仲森の言うようなマーケティング至上のデザインと、純粋に「いいクルマ」のデザインの間には、すごい乖離があるよね。そのギャップをいかに埋めるか。いろいろ考えた結果として、1人に1台みたいなことも考えてきたけど、今いいことをお母様におっしゃっていただいたなぁ。「たくさん作ること」は悪いことではない。むしろ後世に残るものを作るためには必要なことなんだって。励みになります。

貴道裕子　ただ、仲森さんの話じゃないけど、本質がなかったらあきませんよ（笑）。

前田　そうですね、大量消費材として作ってしまうと、数だけは出るけど残らないんですよね。「残したい」と思ってもらえるものを作ります。

貴道裕子　ええことですね。

仲森　そういえば京都は、前田にとっては大学時代を過ごした「第二の故郷」だよね。今回、てっさい堂さんにお邪魔してみて、改めて京都に関して感じたことってある？

前田　来る前にも話したけれど、古美術には明るくないので「どうなるかな」と思ってもいたんだ（笑）。でも、この空間で作品を拝見しながら時間を過ごしていると、何とも言えない心地良さを感じるよね。ものに対する「目」や「姿勢」がきちんとできているからこそ、安心して身を委ねられる。こういったところが「京都の底力」なんだろうね。

仲森　歴史的にみて、日本中からいいものが集まってきたのが京都。だからなのか、ここの人たちの「吟味する」センスは群を抜いていると思う。このルイス・ポールセン[注7]の照明だって、日本のものじゃないし近代のものだけど、日本の古いものと違和感なく共存しつつ、響き合って何ともいえない空気をつくっている。あらゆる文化や要素をきちんとかみ砕いて組み合わせていくところが、てっさい堂さんに代表される「京都」のすごさだと思いますね。

貴道裕子　いえいえ、それぞれの作品が好きなだけのことです。

貴道俊行　そういったお話をしていただいて感じるのは、最近、世の中全体が悪い意味で「京都化」してしまっているということなんです。例えば「味噌」って土地ごとの味があるでしょ。そういった地域や集団の個性や独自性がどんどんなくなって、どこも似たような寄せ集めの文化になってしまっている。

貴道裕子　京都のお味噌汁って、九州や四国からは、かつお節。瀬戸内

からは、いりこ。北海道から福井を経由して、おいしい昆布も。味噌も各地からやってくる。昔から選択肢がたくさんあるんです（笑）。

仲森　たくさんの選択肢があってもそれだけではダメ、選ぶ側に見識や筋の通った美意識がないと「文化」にはならないということですね。

貴道俊行　ただ物質的な豊かさから「選球眼」が問われる時代、「これに関しては我々が一番」という「十八番」を持っている人や企業に注目が集まるのではないでしょうか。目立てばいいということでもないでしょ

注7）　1874年に創業したデンマークの照明器具メーカー。長年にわたり多くのデザイナーとコラボレーションしており、「名作」と呼ばれる製品を数多く市場に送り出している。

（撮影：栗原克己）

う。そんなことを考えていて思い浮かんだのが「映《は》える」という言葉なんです。

前田 とても興味深い言葉ですね。

貴道俊行 はい。とてもすてきな言葉です。ただ、文字に起こせば、昨今「インスタ映え」の「映《ば》える（＝たくさんある中で目立つ）」と混同されるかもしれないというのは、皮肉な話ですが(笑)。最近、意識して街を見ていると、この言葉を地で行くようなデザインがあふれているように感じるんです。クルマのテールランプ1つ取っても「映《ば》える」ことだけを考えているような、派手で露悪的なものが目立つ。

「映《は》える」に話を戻します。例えば、かつてのメルセデス・ベンツのテールランプのカバーは凸凹になっていましたが、それは跳ねた泥が付いたときにも後続車の視認性を保つためのデザインだった、という話を聞いたことがあります。そういった周りのことも考えた結果、生まれるものじゃないかと思うんです。

前田 おっしゃる通り。

貴道俊行 そして、街の雰囲気も壊さず、周りの景色にも「映《は》える」デザインがもっと増えたら、さらに言えば、日本人の良い気質や、日本の風土、情緒すら組み込んでつくってもらえないだろうか、と思ったりするんです。派手で露悪的なデザインの横行には「おとなしくしていたら、周りに置いていかれる」みたいな強迫観念があるのかな。

前田 最近、いろいろな業界や政府関係の方々と日本のプロダクトデザインについてディスカッションする機会があるのですが、そういった場で痛切に感じることが、日本のプロダクトデザインは「本質」に向かっていないのではないか、ということです。例えば大震災のときでも、礼儀と規律を忘れないような日本人のあり方は、海外で高く評価されていますよね。この「奥ゆかしさ」を、我々デザイナーは生かさないといけないと思う。でも、おっしゃる通り、このごろの日本のプロダクトデザインは世界一と言っていいほど「自己主張」の強いものになっている。貴道さんから、京都の町並みにはまるで調和していないと言われそうな、「浅い」ものが増えているように感じます。

貴道俊行　「自己顕示欲」とか「承認欲求」って、京都の人が一番慎まなあかんと思うことと違うのかなと思うんです。そんなん京都に似合いません。僕、3代目デミオのデザイン、大好きなんです[注8]。本当に綺麗で。出たとき、拍手喝采しました。

前田　ありがとうございます。

貴道俊行　今の話そのままですけれど、とっても「自然体で」好感度高いです。そして容姿も、リアのホイールアーチがシュッとして後ろ姿が綺麗。楚々とした女性をイメージさせます。祇園の舞妓さんは、着物がはだけないよう独特の足運びで歩いてはるのですが、あの姿を連想させるようなデザインです。

前田　そんな、雅《みやび》な例えで褒めていただいたのは初めてです（笑）。

貴道俊行　やっぱり、今のマツダ車を言い表す言葉は「映《は》える」。「映《ば》え」ではなくて、周りを

注8）　2007年から14年に販売された通称「3代目」。前田氏がデザインを手掛けた。

活かして環境に同化する「映《は》える」クルマやないでしょうか。

前田　うれしいですね。環境を映しこむことで成立するのが魂動デザインですから。

貴道俊行　和食もそうですけど、スパイスが、メインの食材を差し置いて出しゃばることってないですよね。

前田　そうですよね。

貴道俊行　でっしゃろ。今のマツダ車にもそんな感じがありません？　スパイスじゃなくて「だし汁」。

前田　いや、まさに。目指しているのはそこなんです。

貴道俊行　ひょっとしたらと思って、こんな掛け物も用意してみました。長澤蘆雪《ろせつ》（注9）の「するめ、いりこ、かつお節」の図です。いりこ、かつお節のみならず、この画が描かれた江戸時代「するめ」からも、だしを取ったそうで、この画に描かれているのは、ずばり「だし」です。

前田　いや恐れ入りました（笑）。僕はもう何も話さなくていいくらい、我々が目指していることを代弁していただいています。確かに、貴道さんの言う「だし」を取ることに、すごく時間と手間をかけています。

仲森　前田にとって、あるいはマツダにとっての「だし」って何なの？

前田　素材選びから作り方に至るまでいろいろあるんだけれど、一言で言えば「ブランド力」につながる基礎の部分。例えば、クルマってプロポーション、つまり骨格が綺麗じゃないと、その後いくらどんなことをやっても美しくはならないもの。その「骨格」って、実は企業のものづくりの考え方そのものを表していると僕は思う。

貴道俊行　もう1つ、お見せしたいものがあるんです。魯山人[注10]の茶碗。これでちょっとお茶を飲んでみていただけますか。

注9）　長澤《ながさわ》蘆雪《ろせつ》。宝暦4年（1754年）〜寛政11年（1799年）6月8日。江戸時代に活躍した絵師。長沢芦雪などとも表記される。大胆な構図、ウィットに富んだ画風で知られる。

（撮影：栗原克己）

前田　ああ、これが魯山人ですか。器が手にすっとなじむ感じがしますね。

貴道俊行　実はこれ、出来栄えうんぬんとは、違う作品なんです。この茶碗をしっかり芯まで温めて、たっぷりの熱い熱い番茶をすするように飲む器なんです。中身が熱くても、器は持てるよう、わざと鈍重に作られているんです。実際、この器を使って、熱いおいしいお茶を飲まなければ、魯山人の真意には触れることはできません。魯山人は、こんな「謎かけ」のような「遊び」をされるんです。

仲森　魯山人は、古典や古美術を実によく研究した人だけど、そのコピーを作って古いものに迫るんじゃなくて、そしゃくしてエッセンスだけを自分の表現に練り込むような、超人的なことができた人だよね。

前田　なるほどね。確か、作陶自体は職人にやってもらっていたんだよね。

仲森　そう。魯山人は陶芸家とも呼ばれるけど、実態はアートディレクターだと思うんだ。作品にもよるけど、自らはほとんど手を下していないものもあるみたいだし。でも、ほとんど職人

（撮影：栗原克己）

が作って、彼がちょっと手を加えただけの作品でも、もうそれは魯山人そのもの。かなり離れて見ても「魯山人の作だ」ってすぐ分かるんだよね。あれはすごい。

貴道裕子　パッと見ただけで、誰がお作りになったのか分かる方が、どこの世界にも、決して多くはないですが、いらっしゃいますものね。

前田　我々も、車種ごとにチーフデザイナーが責任を持ってデザインをやっているのですが、「マツダ」というブランドを確立していくためには、彼らの「個性」によるブレを適切な範囲に収まるように最後に目配りをする存在が不可欠なんです。才能に関しては脇に置いておきますが、仲森の言うところのアートディレクターとして、マツダというブランドのアイデンティティを方向づけていくことが、僕が担うべき役割だと捉えています。

貴道俊行　そうやってつくり出されたクルマが街を走っていて、詳しくない人にまで、ちらりと見ただけで「あ、あのメーカーのクルマだ、すてきだよね」と言われるようになったら、後世に残るブランドを確立したことになるんでしょうね。

前田　そうなるために精進いたします（笑）。

注10）　北大路魯山人《きたおおじろさんじん》。明治16年（1883年）3月23日～昭和34年（1959年）12月21日。本名は北大路房次郎《きたおおじふさじろう》。篆刻、絵画、陶芸、書道、漆芸、料理など多彩な分野で活躍し、多くの優れた作品を残している。

第7章

で、マツダはこの先どこに行く?

第7章 で、マツダはこの先どこに行く？

「このキャンパスの雰囲気、懐かしくない？」

「確かに、通っていた大学もこんな感じだったかも」

ここは東京・多摩地区の一角にある、武蔵野美術大学。これまで数多くのクリエイターを輩出してきた美術大学の名門だ。

その学長を２０１５年から務めているのが、長澤忠徳《ながさわただのり》。当時最年少でグッドデザイン賞の選考委員を務めるなど、デザインをベースに、プロデュース、評論、戦略立案など多岐にわたる活動を第一線で続けてきた。その知見を生かし、次世代のデザインの担い手たちを育成すべく、２０１９年４月には造形構想学部と大学院造形構想研究科の創設も果たした。

そんな氏は、仲森が駆け出しの記者だったころからの知己だという。それゆえの打ち解けた空気の中、３人が、前回までの「古美術」や「伝統」からのアプローチから一転、「デザイン論」と真正面から向かい合うことになる。

長澤　今回のお話に先立って、前田さんの著作『デザインが日本を変える』を拝読させていただきました。読み応えがありました。

前田　ありがとうございます。

長澤　と言うのも、前田さんは、我々が教育理念として掲げているようなことを、マツダという企業でやっちゃっているんですよ。「全員がアーティスト」という意識づけをして、1人ひとりが自分の意思で手を動かし、頭を働かせて、ものづくりに向かい合う雰囲気をつくりだす。しかも、人を育てるには「自分も相手も感動することから始まる」とおっしゃっている。これは、まさに我々、武蔵野美術大学がやろうとしている教育じゃないか！と（笑）。

前田　そう言っていただくと、面はゆくもあるのですが、苦労してやってきた甲斐があったなと思います。

長澤　デジタル化が進んで、デザイナーのスキルがかなりコンピュータに移植されるような時代になって、美大のあり方も問われています。新しい学部を創設したのも、現代において本物のクリエイティブな感性を備えた人材を育成したいと考えたからです。何しろ今は、デザイン画だけ描いて造形の部分に関しては「外注」しよう、なんて若手もいたりしますから（笑）。

前田　なかなかそういった発想には行き着かないかもしれませんね、我々は（笑）。

長澤　今の若い子たちは、写真1つ取っても様々なソフトウエアで手軽に色味などを調整できることに慣れている。だから専門的なスキルを要するところまで自分たちが手を動かさなくてもいい、という考え方をするのも分からなくもないんです。でも、美大が連綿と教え続けてきたことは、例えば、自分の手を使って絵の具を混ぜて、無限大に近い選択肢の中から「これだ」という色を探すことだったはずです。新設した学部に限らず、自らの手を動かして、絵を描き続け、繰り返し造形することを通して、学生たちに「ものづくり」のマインドを教えていかなければと考えているんです。

仲森　そういえば長澤先生も、かつてグラフィックデザイナーとして本の装丁などの仕事をされていましたよね。

長澤　当時、活字を組んでくれる写植屋さんには、まさに名人級の職人がそろっていました。デザインのラフを渡すと、そんな職人たちが、微妙な文字の詰めなどをパッといいあんばいに調整して組んだものを出してくるんです。それをまたデザイナーが調整して…というやりとりを繰り返す。今は、グラフィックデザインも専用のレイアウト用ソフトで作ることが当たり前になりましたが、私たちが経験したようなつくり手同士の「やりとり」を経ないで作られたものだと思うと、いまだにちょっと違和感のようなものを覚えるんですよ。

前田　マツダのクレイモデラーは、我々デザイナーが「手で描いたラフスケッチが欲しい」と言うんですよ。少し前まで彼らは、送られてきたデータを機械的に立体モデルにしているだけでした。でも、デザイナーがニューモデルのデザインの意図を伝える、という対話を重ねていくと、コンピューターで作成されたデザインデータは「絵じゃないから」と突き返してくるようになったんです。なぜかと聞くと「デザイナーがペンで描いた結果生まれる『筆圧』が見たいんだ」と。強調したいところは濃くなるし、線に勢いの強弱も出ている。それを確かめたい、

（写真提供：武蔵野美術大学）

と言うんです。

仲森　なるほど、ペン描きの線の強弱や濃淡を読み取って、職人たちが補正をかけていくんだ。

前田　そう。コンピューターで作成されたスケッチは、くみ取るべき情報が乏しいから「それ以上」のものが作れない。でも、デザイナーのセンスに、職人のクリエーティビティが加わることで、想定以上のものが生まれる可能性がぐんと広がるんです。図面を読み取って「意訳」ができる人間こそ、すご腕の職人。彼らが持つ高いスキルを掘り起こし、その能力を最大限、ものづくりに反映させるような環境をつくるのが、私の役割だと思っています。

長澤　前田さんがおっしゃるような

デザイナーとしての「矜持」や「姿勢」を表すものとして「デザイナーシップ」という造語を以前につくりました。スポーツマンシップと同じで、デザインが健全なものであり続けるために不可欠な要素は、このデザイナーたちおのおのが持つ「シップ」だと考えているんです。

前田　その言葉をつくるに至った経緯を教えていただけませんか?

長澤　1990年代に、企業などのコミュニティーの方向性やあり方を提示するなど「デザイン」の領域が大きく広がった時期がありました。その際、我々が危惧したのは、スキルとマインドという、デザインを生み出す際の必要な要素をきちんと律する「何か」がなければ、思想的にまとまりのない、おかしなデザインが氾濫するかもしれないということでした。その「何か」こそ、デザイナーの精神性であると規定して「デザイナーシップ」と名付けたんです。

長澤忠徳氏　武蔵野美術大学 学長（撮影：栗原克己）

今、お話を伺って、前田さんが「魂動」コンセプトでやってこられてきたことの1つは、デザイナーたちに、この「デザイナーシップ」を伝えることだったんじゃないだろうか、と思うんです。根本さえちゃんとしていたら、進化していくテクノロジーも上手に使いこなして一定の水準以上の作品ができると、お考えになっていたのでは、と。

前田　鋭い分析で、ちょっと驚いています(笑)。僕がデザイン部門の責任者になってまず考えたのは、マツダという企業に独自の「スタイル」を持たせることでした。そのためには、まず自分のデザインへの「哲学」、つまり学長の言われる「シップ」をしっかり規定する必要がある、と気づきました。そこから、マツダの歴史をさかのぼって、企業アイデンティティを探求するなどの作業を経て「魂動」というテーマに集約させたのですが、最初に哲学を確立させることで、マツダのデザインが進むべき方向をブレずに指し示すことができたように思います。

長澤　デザイン部門の責任者になられたのは、確か2009年でしたよね。

前田　はい。そうですね。

長澤　わずか10年で、マツダのクルマは、大きく変化しましたよ。よくぞここまで、と思います。

仲森　欧州でもかなり人気があるんですよね。

長澤　そうそう。この前ドイツに行った時に、人気を実感しました。メルセデス・ベンツやBMWが生まれたいわばクルマの本場で、マツダ車が街中を走っている。あれを見ていると、前田さんをはじめとするマツダの方々の並々ならぬ努力が実を結んだんだなと感じますよ。

前田　ありがとうございます。

長澤　このタイミングで、問題提起してもいいですか?

前田　はい(笑)。

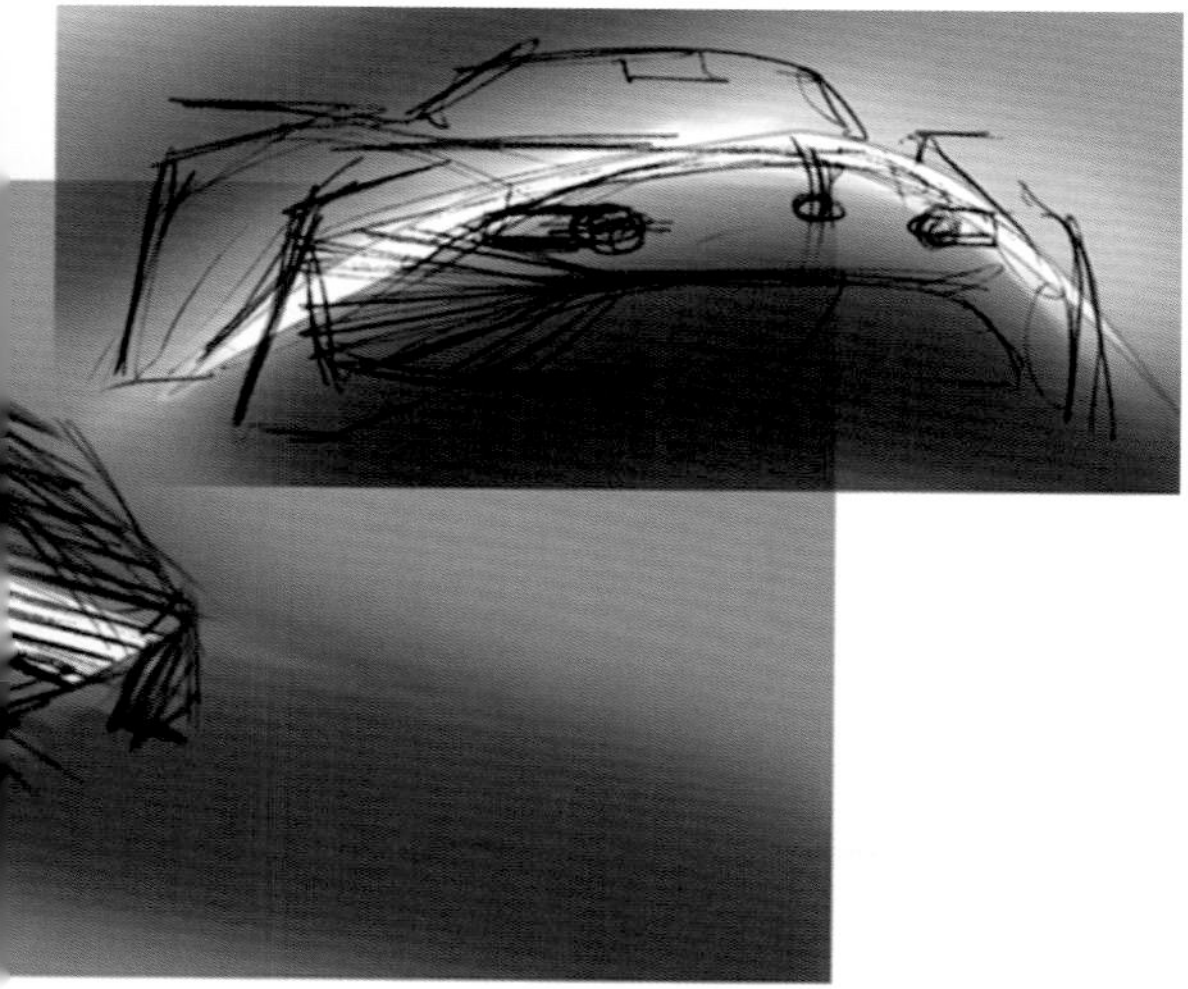

（写真提供：マツダ）

長澤　マツダのデザインは、この10年である意味「行ききった」感じもするんです。他の自動車メーカーのように、様々なユーザーに向けた車種を数多くつくるのではなくて、「魂動」という一貫したコンセプトのもと、ターゲットも明確なクルマを厳選して出し続けてきた。ここまで研ぎ澄ませてきちゃうと、この先、どこに行くんだろうって。

仲森　確かに「マツダよ、この先どこに行く？」って疑問、いろんな場所で聞きますよね。もちろん僕も気になっていることだけれど。

長澤　モーターショーなどでお披露目するコンセプトカーって、程度の差こそあれ、どこのメーカーも研ぎ澄ましたデザインを提案する。でも製品化されると、ある程度マスに向けなければならないから、どうしてもエッジの取れた穏やかなデザインになってしまう。ところがマツダは、コンセプトカーと市販車との間の「差」をあまり感じさせないんですよ。こんな緊張感

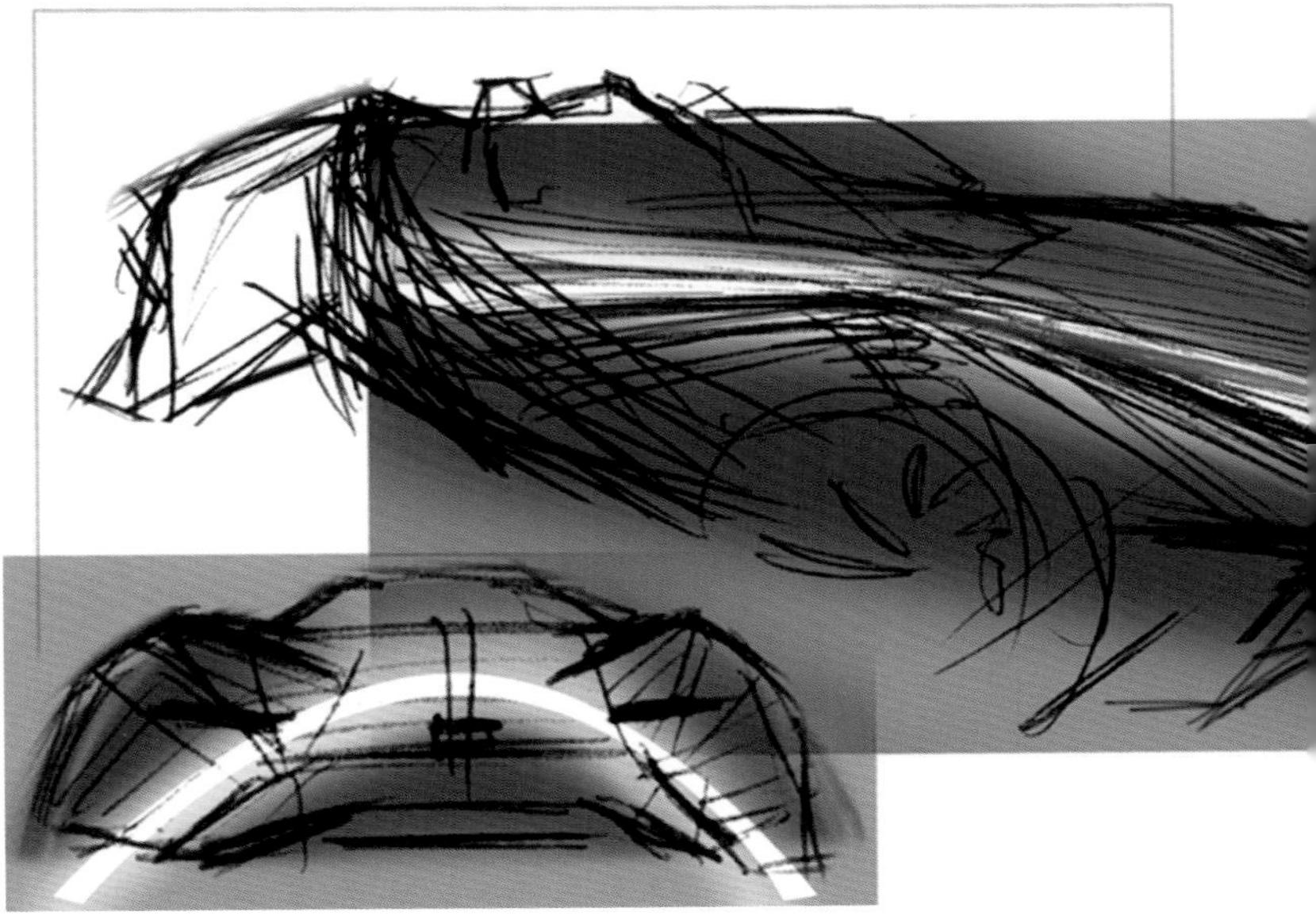

あるものづくりを続けてきて、次はどうするんですか？　破壊？　それとも何かの要素にフォーカスして膨らませていく？

前田　そうですね。正直に言うと、まだ、私の中では、マツダのクルマは「行ききって」はいないんです。

長澤　なるほど、そうですか。

前田　ある視点から見れば、それなりのところまでは作り込んだとは思っていますが、ちょっと視点を変えると、まだまだやれることはたくさんあります。もちろん、今後どう変えようかと悩んでいる部分もありますし、一度、ちょっと壊さないとダメなところもあるかもしれません。ちょっと具体的すぎる話かもしれませんが、「フォルム」や「光のアーティスティックな輝き」をより追求するためには、クレイモデルの素材を、柔らかくて光を反射しないクレイから、より完成品に近い素材に変えて、制作の初期段階から精度の高いトライアルを繰り返してみることなどを考えています。新しいツールや概念、ちょっとした手法で、ドラスティックな変化が生まれる可能性はまだ残っている。とにかく「表現する」ことや「挑戦する」ことをやめることはないですね。

仲森　クレイじゃなくて木彫とか？

前田　極端に言えばそういうこと。あと鉄板（彫金）とか。

仲森　面白そう。まあ方法はどうあれ、壊そうという気概は大切だと思う。個人的には、ガラガラッと全部壊すんじゃなくって、完璧なものをちょっと壊すみたいな感じが好みだなぁ。日本の伝統的な美術品には、例えば、篆刻《てんこく》のように、きれいに彫り上げた後でちょっと壊して味わいを深める、お茶の茶碗でも、精巧に成形したあと、わざと歪ませたり、ヘラ入れたりして「破調をつくる」みたいなものが多いんですよね。

前田　その「壊し方」は参考になりそうだね。今の日本には、工業製品に関して1つの風潮みたいなものがあるように感じています。「短いスパンで路線を大きく変えることが正義」みたいな。でも、本当は、同じコンセプトを貫いたものづくりを続けないと、ブランドの様式っていうのはできてこないと思うんです。「魂動デザイン」になってから登場した新世代商品群のモデルチェンジが一通り終わりました。これからは「2巡目」に入っていくんですが、この周回でどこを「壊して」、どこを「守って」ということをすごく考えています。向かう先は、当初からブレていなくて、結局「マツダ」というブランドの雰囲気や匂いをより際立たせていきたい、ということに尽きるんですけど。

仲森　哲学や「シップ」という根幹が揺らがなければ、変えられるところは変えてもいいってこと？

前田　そうだね。

長澤　「シップ」が根底にあるのだとしたら、ものすごく高級なクルマ、それこそ「匠モデラー（マツダが優れた技能を持つ技術スタッフに与える称号。社内では部長、幹部社員に匹敵する肩書き）」たちが、1台ずつ作ったようなクルマを、世界で5台だけでいいから作ってもらいたいな。ものすごく高くてもいいんですよ。それこそ1億円でも購入したいという人が現れると思う。

仲森　コンセプトモデルを作るときに、最初から数台だけは実走できるように作って、それを販売するという形でもいいかもしれないですね。それで売り上げを上げるというよりも、ブランドのバリューを高めるため、という意味で。

前田　新しいスタイルの売り方だなあ（笑）。そういえば、少し前にイタリアのイベントにRXビジョンというクルマを展示したのですが、そのときの体験が面白かったんですよ。

そこは、愛好者たちが古いクルマを鑑賞するエクスクルーシブなイベントで、主催者側がOKを出したコンセプトカーだけは持ち込んでもいいというルールがあるんです。そうしたら、結構な数の「クルマ好き」から、「このクルマ、いくらするの？」って声をかけられたんです。「これはコンセプトカーなので、販売していないんです」と答えたら、「だったら一緒に販売できるクルマをつくろう。いくら出せばいい?」と、さらに畳みかけてくる方もいらっしゃって……。

仲森 なぜ売らない(笑)、それ絶対売った方がいいよ。

前田 ビジネスとしての成立性とか、簡単にはいかないから(笑)。ただ、手前味噌になってしまうかもしれませんが、美しいものに投資するっていうマインドは、少なくとも欧州の人たちは、ごく自然に持ち合わせていることを実感させられる体験でした。

長澤 美への投資ですか。そういったマインドを持っている人は数こそ少ないですが、確実に存在するし、影響力も大きい。彼らにコミットするプレミアムカーがあってもいいですよね。

前田 おっしゃる通りかもしれません。マツダが歴史的につくってこなかった領域の、いわゆるスーパースポーツは、個人的には挑戦してみたいクルマです。

長澤 それは楽しみだなぁ!

仲森 話は変わりますが、デザインのプロの方に聞いてみたいことがありまして。最近よく聞く「デザイン思考」ってものなのですが、専門家の立場から見て、結局のところそれって何なんでしょう? なかなかふに落ちる説明を聞けたことがなくて。課題解決を図ったりイノベーションを起こしたりするために活用できるデザイナーの思考方法とか、一般には言われているみたいですが。

前田 デザイン思考って言葉自体、僕も含めてプロのデザイナーはあまり使っていないかも。

長澤 デザイナーって、専門分野でもなんでも軽く超えることができるんです。他の職業と違って、何かを作ろうとなったら、どんなものでも使いますから(笑)。それこそプラスチックが使えないんだったら、和紙を使ってみよう、みたいに、越境して作り出すんです。そういった柔軟な考え方が、いわゆるデザイン思考かな、と思うんですよね。

前田 デザイナーにとっては、今さら言葉にする必要もない当たり前の思考方法なのかもしれませんね。

長澤 そうですね。デザイン思考を勉強したからって、デザインができるようになるわけじゃない。あくまで「考え方」です。逆に言えば、そんな簡単にデザインができるわけがない。デザインを構成する様々な専門分野は、ほとんどが自然言語（社会において自然に発生して用いられている言語）がベース。要するに辞書に載っている言葉を使って考えるんですね。デザイナーは、そういった多種多様な専門分野をまとめ、意思や考えも含めて形にする「ナラティブ型」のアプローチが必要とされるのですが、それを可能にしているのは、自然言語では説明しきれない部分をカバーする「造形言語」とも言うべき表現を身につけているからなんです。

前田 デザイナーとしてフォルムづくりが本分にはなりますが、僕はやりたいことや哲学を表すために言葉も大事にしています。言葉も形の一部。ビジュアルと組み合わせて表現することで、より正確に思いや考えを伝えられると考えています。

長澤 そういった感覚や思考を身につけるには「空気」に触れることが大事になってきます。例えば、武蔵野美術大学に来れば、「美大生らしさ」を持つ学生がたくさんいるんですよ（笑）。休み中でも大学に来て、頼まれなくてもずっと絵を描いているような。課題が出てこなければ何もしないような人は近寄れないくらいの気迫です。そういった、ものづくりに真剣に向かい合っている人たちに接することで、デザインや造形といった世界のリテラシーを身にまとっていけるはず。そんな人、マツダにも山のようにいるでしょう？

前田　いますよ、たくさん。「変態」が最上級の褒め言葉になるような、クルマとクルマづくりが好きで好きで仕方ないやつらが（笑）。

長澤　そんな空気に触れるのは、美大に来る大きな意義のひとつだと思います。ただ、大学はお金を払って苦労する場所な

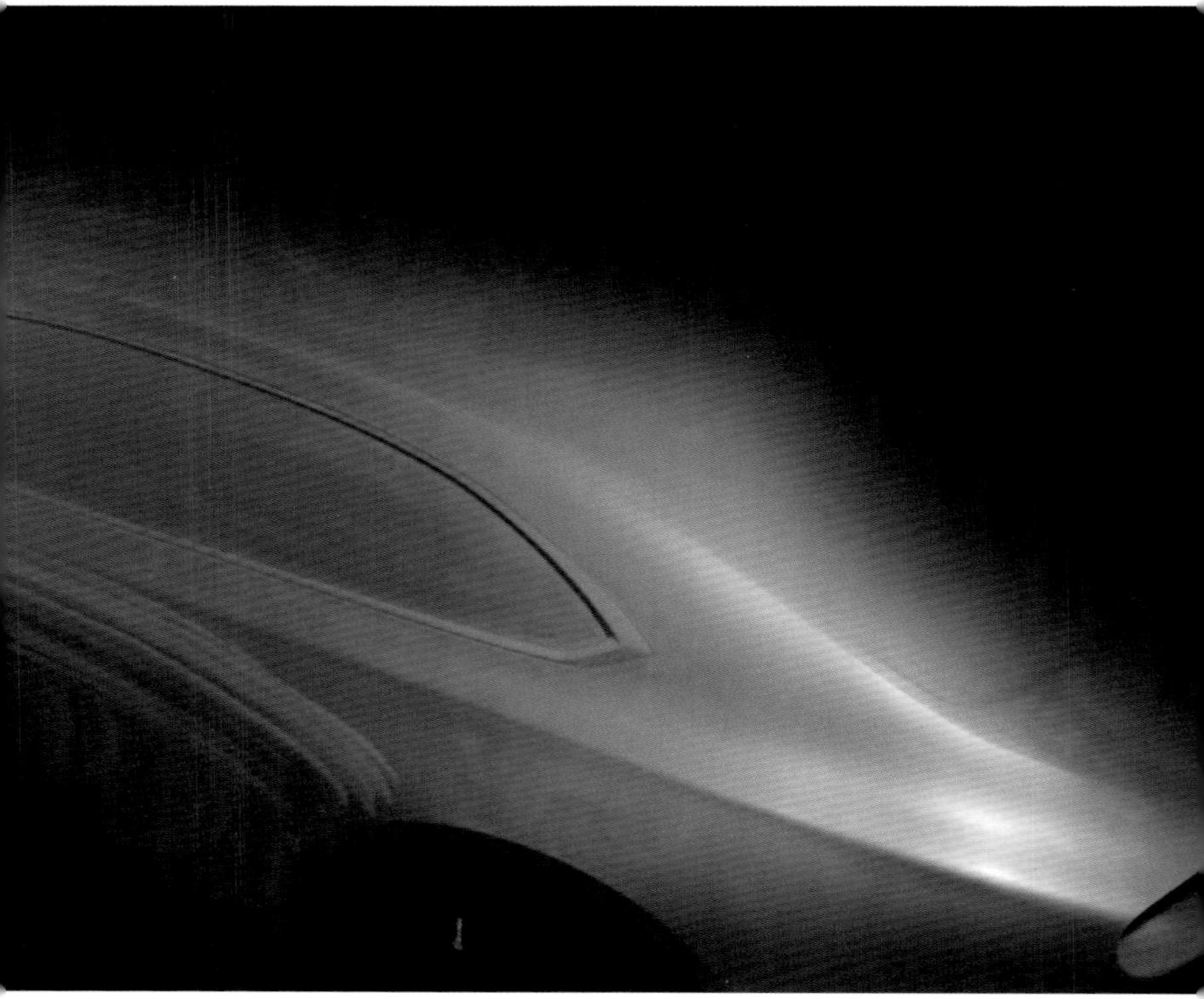

んですよね。企業のものづくりの現場とはそこが異なる。

前田　そうかもしれません。私たちも数年前から広島市立大学芸術学部と共同して「共創ゼミ」を開設しました。そこで社会に必要とされるものづくりを、学生たちに学んでもらおうという活動をしています。自動車メーカーとしてのノウハウも伝えながら、ユーザーやクライアントといった相手のあるものづくりを学んでもらうのですが、活動を続けていくうちに、学生たちのマインドがどんどん変化していく感じが分かる。その様子には、私も大いに刺激を受けています。

長澤　本学でも2019年の4月から新たに誕生した市ヶ谷キャンパスで、企業と連携した実

（写真提供：マツダ）

践的な学びをスタートさせています。そこでは授業やゼミから生まれた事業コンセプトや実践的なワークショップを通じて社会にコミットしていく実験的な場を提供し、学生達に切磋琢磨してもらいたいと考えています。

前田　それは興味深いですね。

仲森　話は変わるけれど、前田はデザイン部門の責任者として、ある方向付けをする役割も担っているよね。決断をするときに、心がけていることってあるの？

前田　一番求められる資質は「直感力」かな。即断しなければならない場面が多いから。この直感の精度を上げるためには経験がどうしても必要。1つひとつの判断をした後で「あのときはなぜそう思ったのだろう」と、結果の成否も加味しながら

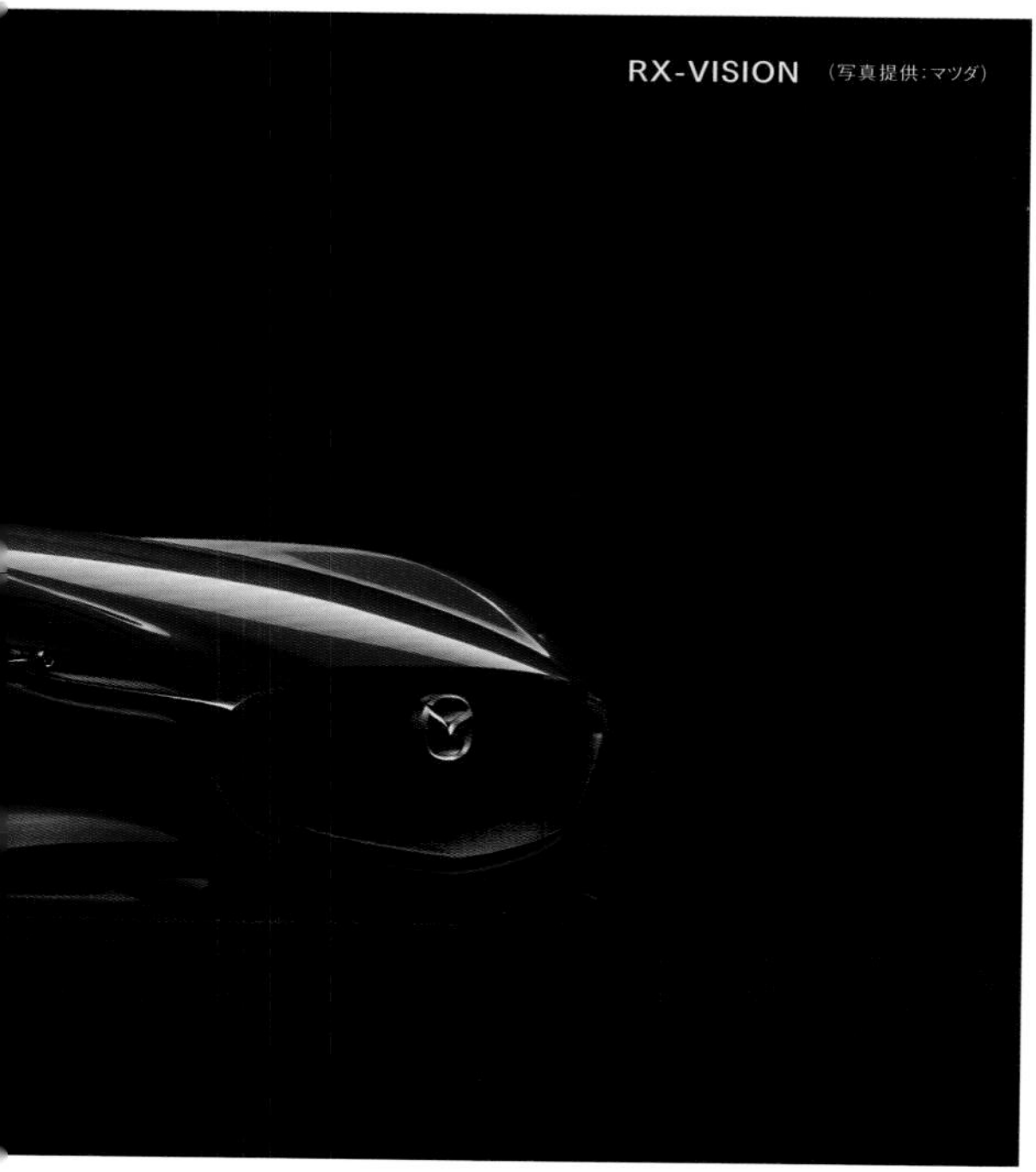

（写真提供：マツダ）

反芻し続けることで、次第に自分の中で「基準」ができてくる。

仲森　直感で思い出したんだけど、こんな話があるんです。DNA構造を解明しようと多くの学者たちが競い、様々なモデルを提唱していたころのこと、アメリカのジェームズ・ワトソンという学者が研究結果から導き出したのが、例のはしご型の二重らせん構造だった。その模型を作って共同研究者のフランシス・クリックにそれを見せたら、彼は「なんて美しいんだ、これが正解に違いない」と見た瞬間に断言したんだそう。世紀の発見の瞬間だけど「これが真実である」という確信が客観的な

データとかじゃなくて、「美しい」という主観から湧き出たって部分がすごく印象的だと思うんですよ。

前田　確かに。「美しい」と直感的に感じ取れる能力は、ものづくりやデザインに限らずとても大事なんだろうね。

長澤　「美しい」は、やはり重みがある言葉ですよね。でも僕たちはよく、「美しい」みたいな意味で「きれい」という言葉を使います。でもこの「きれい」って言葉は「ビューティフル」という意味でも使うけど、「クリーン」という意味もありますよね。例えば「街がきれい」って、ゴミが落ちていないクリーンさを指したりする。でも、その状態は必ずしも「ビューティフル」ではないですよね。少なくとも「極限の美」のような重みを感じることはない。

前田　「美しい」ものには、恐らくある絶対値があって、その領域に達したものは、人種や性別などを超えて伝わると思っています。そう実感する体験がありました。2017年にビジョン・クーペというクルマをローンチしたとき、ステージ上で、バッとベールを取り払って、音楽とともに、お披露目するという演出をしたんです。アンベールの瞬間に歓声が上がることを期待していたのですが、シーンと静寂の空間になってしまったんです。

仲森　前田もさすがにヤバいと思った？

前田　まさに。「全く受けなかったのか？」と、不安になったそのときに、皆がウワーッと声を上げて立ち上がってくれたんです。自慢話みたいになってしまいますが「マツダのクルマもどうにかこの領域にまでは到達できたかな」と感じた一瞬でした。

長澤　その感覚、分かる気がします。見た人が、一瞬息が詰まるほどの美しさを提示することができたんですね。実際、日本のプロダクトデザインは、前田さんたちのように美しさをたたえた製品をもっとつくり出せるはずなんですよ。なかなか突き抜けたものが出てこなかったのは「クリーン」を至上としてきたからかもしれません。

仲森　千利休の有名な話があるじゃないですか。客を招くために、弟子たちに庭をきれいに掃かせた。ゴミひとつない状態になったところで、やおら利休は木を揺らして落ち葉を少し散らしたっていう話。落ち葉ひとつない状態はきれい。けれども利休にとってその状態は、美しくはなかったんですね。

長澤　なるほど。現在の日本の街並みは、それこそ落ち葉もないくらいに清潔だけれども、だから美しいとは限らない。重みみたいな観点でいえば、やはり欧州の街並みの方に軍配が上がります。イギリスの何百年も経ったレンガづくりの家屋がある中を最先端のクルマが走っていっても違和感がないような、ちょっとやそっとではビクともしない重厚さがありますよね。それを考えると、クルマのデザインにもお国柄の違いは出てくるんじゃありませんか?

前田　歴然と表れます。例えばインテリア。日本のクルマではフラッシュ、つまり表面の滑らかさを強調することが多い。でも、特に最近の欧州車は、部品ごとのマテリアルの「厚み」を出す傾向が強いようです。立体的なんですね。この感覚は、建物のデザインと共通項が多いと感じています。欧州の建物の窓は、ガラスが壁より内側についているので厚みがある。一方、日本は、壁との段差がなくて表面が滑らかですよね。どちらがいい、悪いという話ではありません。ただ、日本のカーデザインにおいては「奥行き」を出すという意識は薄いと思います。

仲森 マツダのクルマが他の日本車とは異なった見せ方をしているから、欧州でも人気を得ているのかもしれませんね。例えば、エクステリアで特に意識していることとかある？

前田 奥行きを感じさせることを意識しているね。一般的に、「つるん」としたデザインにすると、「何もなさ」にデザイナーが怖くなってしまい、その結果たくさんラインを足してしまう。でも小手先の処理になってしまうので、面はたくさんできるんだけど、奥行きの感じられないデザインになってしまう。我々は、これから展開していく新世代商品で、光の反射を利用して、「陰影」によって奥行きを感じさせることにチャレンジしてるんだ。

長澤 僕ね、もう1つ前田さんに聞きたいことがあったんです。

前田 怖いですね、何でしょう？

長澤 僕もそうなんですけれど「クルマ好き」って、基本的に外観に魅力を感じて、そのクルマを欲しくなるわけですよね。ところが手に入れて、いざ乗り込んでしまうと、運転者は走行中の姿を見ることができない。どんなに美しいクルマに乗っていても、自分には見えない（笑）。これは不満だよね。せいぜいできるのは、信号で止まったときに道端の

ウィンドウへの映り込みでプロポーションを確かめるくらい。これ、なんとかなりませんか。

仲森　確かに。大好きなものって、見たいときに見られてニヤニヤできないとね（笑）。それで万事解決ってことはないだろうけど、一番長く接するインテリアとエクステリアとの整合性を上げるのは手かもしれませんね。確かロードスターではエクステリアの一部がそのまま車内に回り込むような処理をしていたような記憶が。

前田　その手法は既にやっていますね。一般的にカーデザ

（撮影：栗原克己）

インにおいて、インテリアとエクステリアのデザイナーって全く別の職種になるんですよ。別々にデザインを進めて、最後の段階で合体させることが多いんです。でも、そのやり方だと、おっしゃったようなちぐはぐさが出てしまいがち。なので、マツダでは、初期の段階から、インテリアとエクステリアを合体させて、ドアを実際に開けたときにどんな質のインパクトがあるか、ここから見たらどう見えるか、といったシミュレーションを重ねて、ディテールを決めていくようにしています。デザイナーも両方の部署でシャッフルしていますし。

長澤　そこまでやっていたんですね。改めて、前田さんはクルマの世界で大きな「変革」を成し遂げてこられたんだな、と思います。創立90周年を迎えた我々が新しい学部を運用していくに当たっても、ヒントをたくさんいただいた気がします。

前田　恐れ入ります。

仲森　マツダは2020年が創業100周年だったよね。話を蒸し返すけど、やっぱり数台だけのプレミアムカーをつくってほしいな。それで、欧州のクルマ好きたちをうならせてもらいたい。

長澤　そう！　ぜひ考えてください！　世界的にも突出して近代化され、しかもデザイン大国にもなった日本で、工業製品の代表たる「日本車」を象徴するようなアイコンがないのは、デザインに携わってきた者として、ちょっと寂しいですよ。

仲森　長澤さんにここまで言われたら、前田も覚悟を固めなきゃ（笑）。

前田　それをつくるためには、まずはそれだけの価値を認めていただけるブランドになってないと。相当な覚悟が必要ですね。

長澤 日本のプロダクティビティーを変える気概でやってくださいよ。次の展開で、そういったアイコンたるプロダクトが出てきたら、まさに「デザインが日本を変えた」ことになるでしょう。

仲森 きれいにまとめていただきました。

前田 ありがとうございました。

第8章

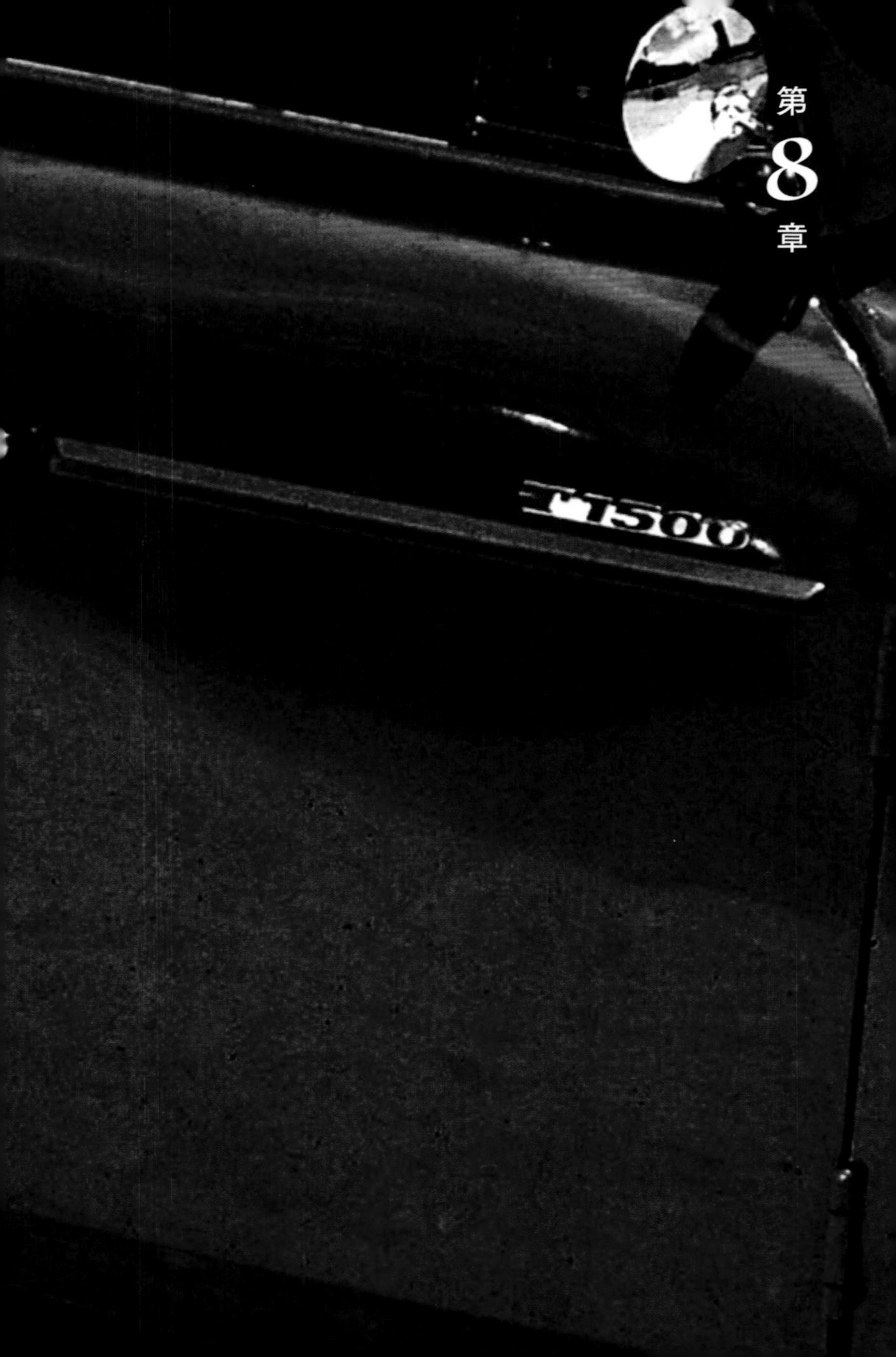

100点満点では人の心は動かせない

第8章 100点満点では人の心は動かせない

広島の漆芸家、七代金城一国斎（池田昭人氏）は、マツダが積極的に進めている日本の伝統工芸作家とのコラボレーションの一環として、作品制作を手掛けた作家の1人。その作品「卵殻彫漆箱 白糸《しらいと》」は、イタリア・ミラノでのイベントなどにも展示され、話題を集めてきた。

江戸時代からその名が引き継がれてきた金城一国斎は、二代のころに花や果実に誘われる蜂や蝶などを立体的に生き生きと表現する「高盛絵」の技法を確立、それを今日に至るまで代々受け継いできた。その伝統を土台とし、七代一国斎は彫漆や切金といった技法を取り入れた新たな作風を打ち立て、日本を代表する漆芸家として活動している。

そんな金城とのコラボレーションが、工芸とクルマの根底で通じる意外な共通点をあぶり出す。さらには、その先にある大きな課題をも浮かび上がらせていく。

仲森　今回、初めて「白糸」の実物を拝見しましたが、すごいですね。おそろしく手の込んだ仕事で。このラインは卵の殻を並べたものなんですか。

金城一国斎（以下：金城）　はい、そうです。

前田　社員が調べたんだけど、1列で120ピース貼り付けていて、それが64列あるから、ざっと数えて7680ものピースを並べたことになるんだよ。

仲森　さらにそれを手で磨いていくんだよね。

前田　そう。だから、ラインにもベースの色にも強弱が出されていて、全体に動きが出ている。隅々まで「行き届いた」作品だよ。金城さん、これは最初から計算して作られたんですか？

金城　もちろん出来上がりを想定しながら作りますが、最終的には「感覚」を大事にしています。この作品では、見る距離や角度、光の当たり方で、表情や姿が変わる面白さを出すことを、特に意識しました。

前田　確かに「白糸」は近くで見たときと、少し離れて見たときでは、ずいぶん印象が違う。ラインや

（撮影：栗原克己）

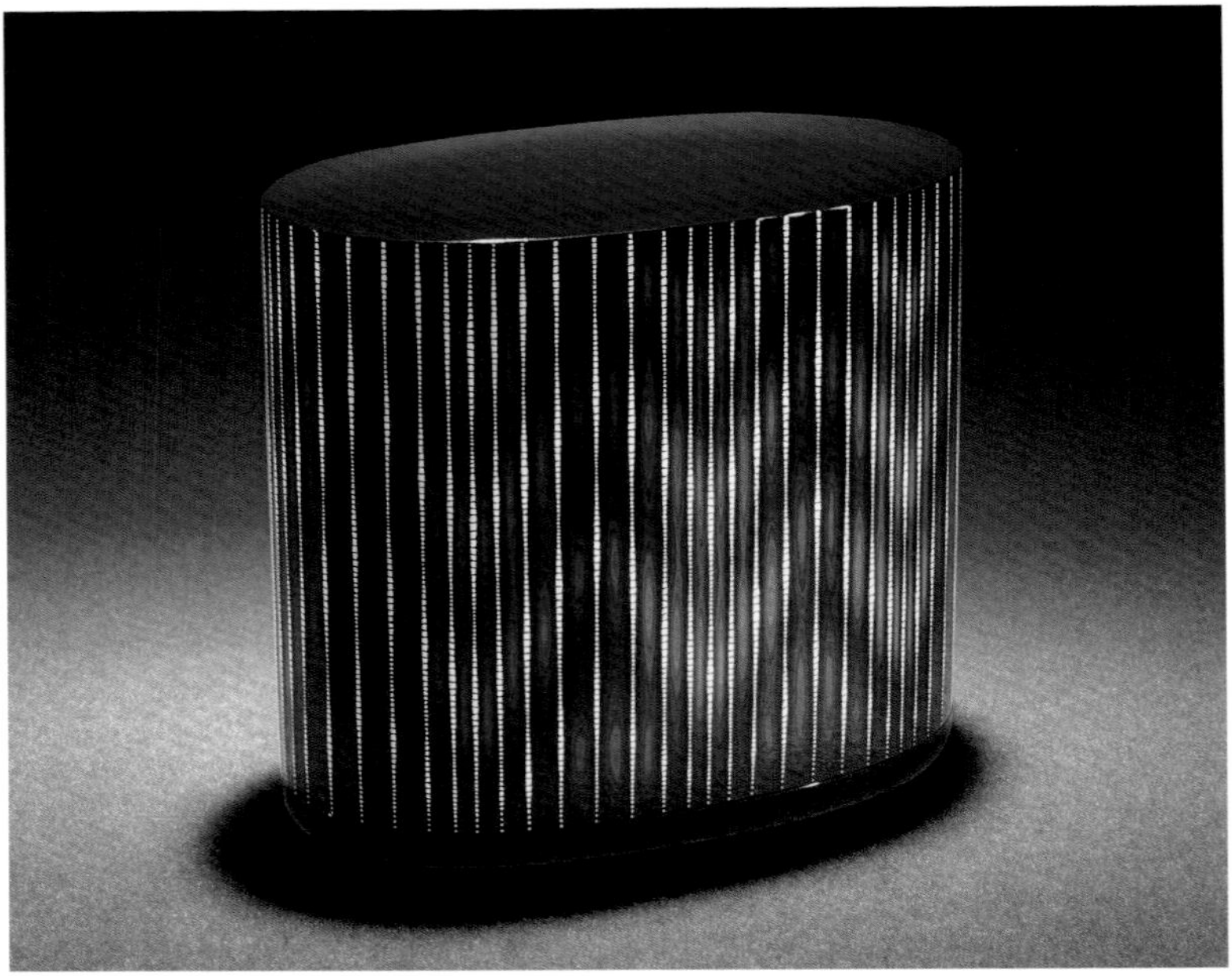

七代金城一国斎作「卵殻彫漆箱 白糸《しらいと》」（画像提供：マツダ）

色が局面ごとに微妙に変化していくんだよ。

仲森　本当だね。マツダのクルマも、周りの景色が映り込むことを意識してデザインしているって話してたけど。その辺が、マツダと金城一国斎のコラボレーションで響き合ったところなのかも。

（撮影：栗原克巳）

七代金城一国斎 氏

立体的に漆を盛り上げて、色漆で彩色する独特な「高盛絵」の技法を江戸時代後期に確立した金城一国斎の系譜を受け継ぐ七代目。本名は池田昭人。1965年、池田長昭（六代金城一国斎）の長男として広島市に生まれる。1983年、高校卒業と同時に香川県漆芸研究所に入所し、漆芸技法を習得。1986年、祖父である池田勝人（五代金城一国斎）に師事して高盛絵を学ぶ。1991年、祖父勝人、父長昭の相次ぐ死去に伴い、七代金城一国斎を襲名。2005年日本伝統工芸展にて日本工芸会奨励賞受賞。2018年同展朝日新聞社賞受賞。2019年同展鑑査委員。公益社団法人日本工芸会正会員。

前田　その通り。

仲森　その狙いについては、マツダから金城さんに事前にリクエストしたものだったの？

前田　ほとんどしていないよ。「マツダデザイン」のエッセンスのようなものを一部でも作品に反映していただけたらな、とは思ってはいたけど、あえて口に出しては言わなかったと思う。

金城　本当にそう。具体的な制約は一切ありませんでした。「魂動」というテーマをいただき、マツダのデザインの現場やクレイモデラーの方が削っていらっしゃるところ、ボディを塗装する工程など、発想段階から実際に完成品になるまで、マツダのクルマづくりの過程を一通り拝見させていただきました。その上で「魂動」というテーマを私なりに突き詰めた結果として生まれたのが「白糸」なんです。

仲森　それだけでこの作品ができたということは、もともと響き合う何かがあったのかもしれませんね。

金城　以前、前田さんに「極限まで削り落とした美」を追求している、とお話ししたことがあります。これ以上模様をなくしたら何もなくなってしまうような、本当にシンプルだけど、素材やフォルムの美しさが際立つようなものづくりを目指している、と。そうしたら前田さんも、自分もまたクルマのデザインにおいて、ぎりぎりまで研ぎ澄ました世界を追い求めている、とおっしゃった。

仲森　同じ方向を向いていたと。

金城　そうなんです。漆は塗ることで「艶」が出るんですね。私は、この艶のある表面が周りの空間を映し込むことを意識して作品を作っているのですが、前田さんが手掛けるカーデザインもまた、ボディに周りの景色を映し込んで、景観の中に溶け込みながら、クルマそのものを輝かせることを意識していらっしゃる。そこまで共通する考えを互いが持っていることに驚かされました。

前田　実は金城さんと初めてお話をしたころ、僕はすごく悩んでいたんです。というのもフォード主導のデザイン改革が終わり、マツダらしさを自分たちだけで打ち出さないといけなかった時期だったから。僕は、デザイン部門の責任者として、生命感を表現し、クルマに魂を込めたいと考えて「魂動」というテーマを掲げたのですが、具体的にどうやって「魂」をクルマに込められるのかが見えていなかった。それで試行錯誤を繰り返していた。そんなときに金城さんにお会いして、「1年近くかけて作品を作り続けていくうちに、自分の魂が込められて作品が生きてくる瞬間がある」というお話を伺ったんです。日本を代表するような漆芸家でも「魂」を込めるために作品に向き合い続け、苦労を重ねていることを知って、勇気づけられた気がしました。

仲森 なるほど。そんなことがあってのコラボレーションだったんだ。

前田 そう。だから、コラボレーション作品を作っていただいたときも、完成がとても楽しみでした。金城さんは、歴代の金城一国斎の中でも「綺麗さ」が際立っていて「静」を感じさせる作品が多いという印象を持っていました。そういった作風で、どのように生命感を表現していただけるのだろう、と。

仲森 製作の途中経過は見せていただいていたの？

前田 全く見ていない（笑）。

仲森 いきなり完成品を見たとき、どうだった？

前田 それはもう感動したよ。仲森も見たから分かると思うけれど、ものすごく動きがあるでしょ？ 天板の部分に、水が表面張力で盛り上がっているような膨らみがあって、そこから水があふれて側面に沿って音を立てて落ちていくように見える。本当に、その水の音が聞こえてきたんだよ、パッと箱を開けて見た瞬間に。

仲森 前田はクルマのニューモデルの成否は「アンベール」の瞬間に分かる、といつも言って

（画像提供：マツダ）

いるけれど、「白糸」は、まさにその一瞬で、前田たちの心を捉えたんだ。

前田　そう。素晴らしい体験だった。

金城　恐れ入ります。ちょっと抽象的な言い方になりますが、作品は、最後の工程でつくり手の「気」を込めることで、ちょっと膨らんだ「張り」がある感じになります。ちょうど紙風船を膨らませたような、独特のはかなげな緊張感が出るんですね。クルマも同じで、人々を魅了するクルマは、プレスされた金属の板を単に組み合わせているだけではできないような気がします。ものづくりに関わる方々の「気持ち」が入ることで、ほんの少しだけ「張り」が出るのではないでしょうか。数値にしたら出るか出ないかの、ほんのわずかなその「張り」があることで、生命感のあるフォルムになって、美しい曲線が生まれるんだと思います。この「気持ちを込める」ということは、私自身の作品づくりの根幹でもあります。だから、前田さんのようなものづくりをされる方に、それが伝わったのはうれしかったですね。

仲森　なるほど。そのような作品に対する金城さんの思いとか感覚は、鍛えられて生まれるものでないですよね。金城さんの場合は、20代半ばとお若いときに先代が亡くなられました。直接、仕事の手ほどきを受けられた時期は短かったのではないですか？

金城　5年間、父と机を並べて、仕事をすることができました。5年という期間は、伝統工芸の世界では短いと言われるかもしれませんが、師である父とは、生まれた時から亡くなるまでの26年間ずっとそばにいて、生活を共にしていたと考えれば、結構な時間、一緒にいることができたのではないかと思います。名前を受け継ぐということは、技術を受け継ぐだけではないですしね。

仲森　むしろ仕事を教わったのが5年だけだったことで、七代目としての、独自の作風が築き上げられたのかもしれませんね。

金城　お世話になっている先生に「君は5年しか習ってないことを強みにしなさい」と言われたことがあります。もしかしたら、曲がりなりにも「七代金城一国斎」像を築き上げられたのは、5年という短い月日も影響しているかもしれません。これればかりは運命的なもので、自分で決められることではありませんが。

仲森　以前、楽焼をなさっている十五代の樂吉左衛門さんに面白い話を伺ったことがあるんです。樂家は利休さんの時代から「一子相伝」で十五代続いているけれど、技法は子に一切伝えないんだそうです。釉薬や土も一代限り。引き継ぐことができるのは窯や道具だけ。ただ、日常生活の中で歴代の作品を使う。小さいころからそうしていると、自然に樂家の作風みたいなものが身に染み込んでいくらしいんですね。その話を伺って、「代々の特徴はしっかり際立っているけど、樂家としての統一性みたいなものは外さない」という、樂家十五代のありようみたいなものが、少しは理解できたような気がしました。今おっしゃったように、技術は後からでも勉強できるけれど、作風などの感覚的な部分は日常の中で時間をかけて染み込ませないと身に付かない、ということなんでしょうね。

金城　それぞれの代が、生きている時代に一番合ったものをと思い作っていくわけですから、代によって作風が変わるのは当然だと思います。ただ、やはり金城一国斎という一軒の家が作っているものなので、どこかしら共通する雰囲気もあるんですね。それが血筋

三代金城一国斎作「綱代地葡萄茘枝昆蟲堆漆器局」(東京国立博物館蔵)　「二代金城一国斎が創始した高盛絵の技法を完成させた三代一国斎の代表的な作品。近代漆工史の中でひときわ輝く個性美を放っている」(七代金城一国斎)。（出典:ColBase　https://colbase.nich.go.jp/）

三代金城一国斎作　「孔雀牡丹高盛絵文庫」(海の見える杜美術館蔵)　「二羽の孔雀と牡丹を高盛絵で描いた。孔雀の羽の部分に螺鈿装飾を施すなど緻密さが伺える」(七代金城一国斎)。(撮影:久保良)

と言われるものなのかもしれません。そういった視点で、明治、大正時代の金城一国斎の作品を見ると、驚かされるんですよ。今の私がやっているものとは、また違う魅力的な世界がそこには広がっている。はまったら、抜け出せないような深みのある世界。だからと言って懐古趣味で過去の作風を真似るようなことはしませんが。

仲森　金城さんは、伝統的な作風を踏襲した作品も手掛けられるし、「白糸」のような独自性の高い作品も手掛けられる。どちらも高く評価されているところはさすがだなと思いますが、それにしても作風の振り幅がとても大きいですよね。

五代金城一国斎作「葡萄蜂高盛絵硯箱」(財団法人マスダ文化財団蔵)　「たわわに実る葡萄の香りに誘われた2匹の足長蜂を描いている。つる植物と昆虫は、高盛絵様式の代表的なモチーフ。この作品もその様式美を元に自然の日常をとらえている」(七代金城一国斎)。（撮影:久保良）

金城　作るときの心持ちの違いはあるかもしれません。伝統的な高盛絵の作品を作る時は、歴代が積み上げてきた技法を踏襲しながら現代にマッチしたものを作ります。このようなときは、ものづくりの純粋な「楽しさ」が先に来ますが、「白糸」や日本伝統工芸展に出品するような作品を作るときは、過去にないものを作らないといけないので「緊張感」が先に来ますね。創造力をフルに働かせて、自己を表現するから、時間もかかります。いずれにしても両方の作品のバランスを取りながら、自分なりの新しいスタイルを確立しようと模索しています。

前田　今回（第66回）の日本伝統工芸展に出展した「切金螺鈿箱 青柳」、

拝見させていただきましたが、緑色の濃淡が微妙な変化をしていて、とてもよかったです。

金城　ありがとうございます。

仲森　色漆を使われるっていうのは、高盛絵の伝統でもありますよね。

金城　そうなんです。蒔絵の世界は、黒を基調とするものが多いのですが、私は色で季節を感じさせたいと考えています。モチーフそのものではなく、背景などに効果的に色を入れることで、見る人が自然に季節を感じてもらえるような作品を作るよう意識しています。

前田　金城さんは、ご自身の作風を進化させることに真摯に向かい合っていると感じます。勝手な見方なんですけれど、しばらく、ご自身の新たな作風を確立させるための挑戦を続けてこられて、ここ最近ブレークスルーされたように感じたのですが。

金城　前田さんは、僕のことを

七代金城一国斎作「切金螺鈿箱 青柳」（写真提供：日本工芸会）

よく見てくださっていますね（笑）。おっしゃっていただいた通り、自分でも「抜けた」という感覚はあります。目指しているものの形を捉えることができたような心持ちでしょうか。

前田　やっぱりそうでしたか。

金城　今回の日本伝統工芸展では、鑑査委員を務めさせていただいたのですが、人の作品もある程度は見えるようになりましたし、言語化して批評ができるようになりました。やっぱり自分に自信がないときって、他の作品が「いいもの」にしか見えなくなってしまうんです。よくこんなすごいもの作れるなあ、と。そして自分の作品が埋没するような気になってしまう（笑）。

前田　分かります（笑）。僕も、最近、カーデザイナーとして手応えを感じられるクルマを世に送り出せたんですけれど、今は

（画像提供：マツダ）

また次のフェーズに入って、悩み抜いているところなので。

仲森　そうだったんだ。クルマは工業製品だから、世界的なマスや市場の洗礼を浴びるという宿命もあるし、デザインだけが突出するわけにもいかないだろうから、工芸とはまた異なる難しさがあるだろうね。

前田　そう。クルマに必要とされるものは、性能や機能などを含めた「総合力」だからね。ただ、クルマの性能を十分に引き出しつつも、カーデザイナーとして「新しい時代をつくった」と感じられるデザインのクルマをつくりたい、という気持ちはずっと持ち続けているから。

仲森　で、今のところ、その思いは形になってる？

前田　なってきたと思っている。「魂動デザイン」のセカンドフェーズで。ヨーロッパの石造りの建物と石畳が広がる環境で、実際に走らせた時に「強いな」と感じたんだ。クルマが誕生したヨーロッパの歴史の積み重ねがある重厚な景色に負けることなく、クルマとしての独特の存在感が出てた。それは自分が手掛けてきた作品の中で初めて味わう感覚だった。

仲森　実際、ＭＡＺＤＡ３は、ヨーロッパでとても評価が高いんだってね。デザイン賞もいくつも受賞しているし。

前田　でも、またすぐに次の壁が迫ってきて、悩み抜く時期がやってくるんだ。デザインをしている限り、この繰り返しなんだろうね（笑）。

仲森　マツダは、金城さんの他にも、新潟県燕市で鎚起銅器を作ってきた玉川堂など、伝統工芸の作家さんたちとのコラボレーションをしてきているけど、前田自身はどんな刺激を受けてる？

前田　例えば金城さんの「白糸」は10カ月間作り続けるわけだけど、その間、ずっと完成形がしっかり頭の中にイメージされている。そこがブレたら、ここまでの作品にはならないからね。そういったストイックなものづくりへの姿勢や、作品への真摯な向き合い方に触れることは大いに刺激となっている。

金城　確かに、制作に入る前に完成図をある程度、想像できているかどうかで、作品の出来がまるで違ってきます。完成図が描けていない作品には統一感が出てこないんですよね。逆にみずみずしい作品って、そういった悩みが見て取れない。作りたいものをそのまま素直に作っているんですね。

前田　製作過程にブレがあった作品は、「味」が薄くなっているんですよ。

金城　そういった作家の思いを形にする素材として考えた時、漆はひときわ興味深い素材です。何しろ液体ですからね。それを作家が、固体にしていく。面白いもので、作家がきちんと意図を持って適切に扱えば、その思いにうまく応えてくれて、土や金属など他の素材を使った工芸品にも負けない存在感を出してくれる。そういった素材の特性が、日本的に見えるのか、海外でも特にヨーロッパには漆芸に興味を持っている方が多いように感じます。

仲森　海外の市場は意識されますか?

金城　正直に言うと市場としては意識していません。ただ、自分の作品が、海外でどう受け取られるかは、とても興味があります。今話したようなエキゾチックな日本独特の美と見るのか、世界共通の美として見るのか。どういう視点で見てくれるのかという点ですね。

前田　「白糸」をミラノで開催されたモーターショーで展示したことがありますが、イタリア人

（撮影：栗原克己）

左／モリス商会（Morris & Co.）の工場
右／ウイリアム・モリスがデザインした壁紙
モリス商会は、アーツ・アンド・クラフツ運動を主導したウイリアム・モリスが設立した工芸品／家具メーカー　（Getty Images/Fox Photos、GraphicaArtis）

のギャラリーたちは食い入るように見ていました。「一体、これはなにがどうなっているんだ？」と面食らっていましたよ（笑）。この緻密さは、欧州ではあまりないものなんでしょうね。ただ彼らは、その場で理解はできなくても「すごいものはすごい」と直感的に感じとる能力が強いんです。だから、非常に興味を持っていましたね。

金城　この前、米国のある雑誌の取材を受けたのですが、そこで「匠とはなにか？」と聞かれて、ちょっと答えに困りました。米国には匠の概念がないというのですが、私も、匠という言葉自体、口にしない（笑）。日々、作品と向かい合ってものづくりを続けていること自体が「匠」の仕事といえるのかもしれないのですが、言葉にすると何かありきたりのものになってしまう。そういった微妙な感覚の違いに欧米文化との溝を感じることはあります。

前田　匠って英語にすると「Ｍａｓｔｅｒ　Ｃｒａ

ft」とかになるんですよね。上級の工人。語感的にも意味的にも日本の感覚とは、ちょっと違う。

仲森　ものづくりは、世の東西を問わず、産業革命以前は全て手仕事の「工芸」だったわけだよね。けれど、それが工業化していく過程で、劇的に変わる。大きなキッカケは「アーツ・アンド・クラフツ運動」[注1]かな。産業革命で様々なものが安価でできるようになったけど、美しくない。それはいかん、もっと美を多くの人たちが享受できるようにしようという運動だよね。

欧州で、その流れの先に生まれたのがバウハウス[注2]。「工業化の時代における美」を追求する組織だから、機械化が大前提。手仕事の部分があっても、それは「まだ機械化できていないから不本意ながら手でやってるけど、将来機械化できることをちゃんと前提にしてます」みた

注1）　アーツ・アンド・クラフツ運動は、18世紀後半のイギリスに興った、芸術と工芸と生活を一致させようとする運動。ウイリアム・モリスらが主導した。当時、イギリスでは産業革命の結果として、安価だが粗悪な商品があふれていた。モリスはこうした状況を批判し、手仕事に帰り、生活と芸術を統一することを主張した。この考えを実践するためにモリス商会を設立、壁紙や家具などを多く製作した。芸術的な製品の量産体制を作った初めての人という意味で、モリスは商業的なモダンデザインの先駆者とも呼ばれる。

注2）　バウハウスは、1919年にドイツのヴァイマールに設立された美術学校。アーツ・アンド・クラフツ運動の影響のもと、アンリ・ヴァン・デ・ヴェルデが設立した美術工芸学校を前身とする。機能性と機械による大量生産を強く意識し、無駄な装飾を廃して合理性を追求するスタイルを生み出し、モダニズムの源流となった。世界で初めてインダストリアル・デザインの基本的な枠組みを確立した組織ともいえる。学校として存在し得たのは14年間であるが、他に類を見ない先進的な活動によって、今日に至るまで大きな影響を与え続けている。

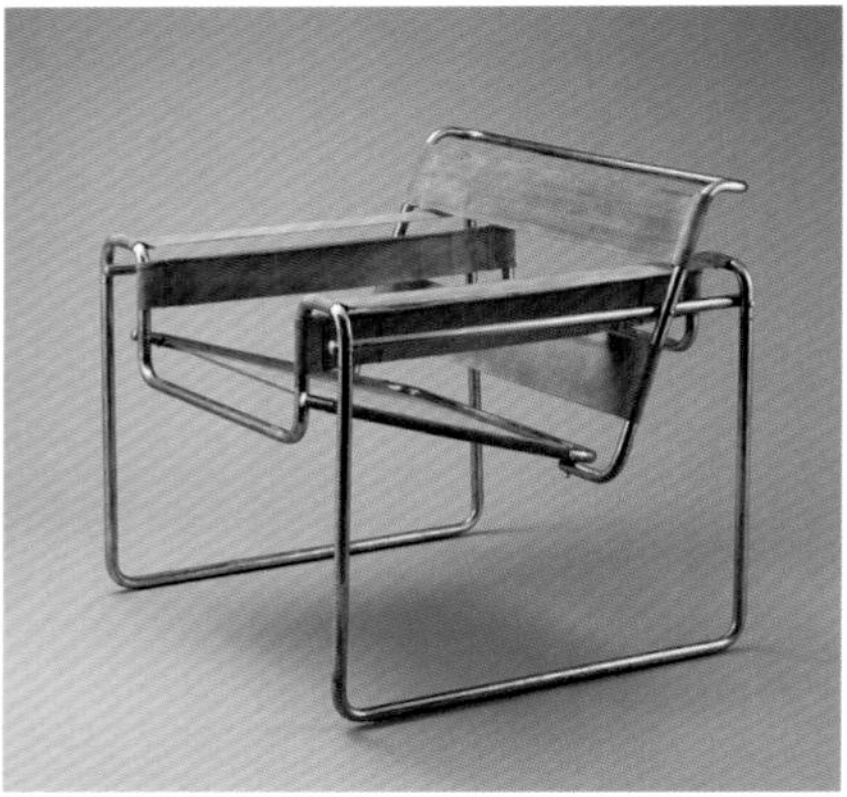

左／ドイツ デッサウにあるバウハウスの校舎
右／「クラブ・チェア B3」
校舎は、現在は美術館として使われている。「クラブ・チェア B3」は、バウハウスで学び、同校の教官も務めたデザイナー、マルセル・ブロイヤーが1925年に発表した代表作。「ワシリー・チェア」とも呼ばれている。鉄パイプを素材にした椅子は当時画期的だった。大量生産を意識してデザインされており、自転車用の工具を使って簡単に組み立て／分解ができるようになっている。
（Getty Images/General Photographic Agency、MOMAT/DNPartcom　撮影者：エス・アンド・ティ フォト ©2018）

いな感じ。ところが日本では、アーツ・アンド・クラフツ運動の先に出てきたのは、「民芸運動」だった（注3）。「無名の職人たちの手仕事こそ尊い」という考えで、バウハウスとは真逆だよね。その功罪はともかくとして、そのこともあって日本には手仕事の工芸が多く残ったんだと思う。

陶磁器の分野でも、欧州ではどんどん印刷や型を使う成形方法を導入して工業製品化していったけど、日本では「人の手でろくろ成形して手描きで絵付けして」という作品が根強く残った。人為的に保存されたのではなく、経済的に自立したかたちで残った。これほどの工業先進国で、これほど高度な工芸の手仕事がまだ残っているというのは奇跡的なことでしょ。だったら、世界を相手にするならそれを積極的に武器にしていかなければならないと思う。「ものをつくるときは、まず自分の手を動かすことが大事だ」といつも言っている前田に感化されたわけじゃないけど（笑）。

前田　そう、人がやるという部分は外せないと思うし、もっと生かさなければと思う。カーデザインのような工業デザインの分野は、量産が前提だから、微妙な手仕事の部分も数値化していかないといけない。でも「手わざ」って、0か1かのように、白黒はっきりとした正解を出せないものなんだ。むしろ、数値的にはエラーに分類されかねないような部分。でもそこにこそ魅力があったりする。

仲森　工芸にもいろいろあって、漆芸は陶芸のような人くさいゆらぎや破調ではなく、どちらかというと精緻さとか完璧さを求めていく分野ですよね。

金城　確かにその通りです。ただ、僕は以前、ある方に言われたことがあるんです。「君の作品は100点満点だ。でもそれだけでは人の心を本当に動かすことはできない。5点だけ引いてみたらどうだ」と。そのときは「どう引けばいいんですか?」って思わずお伺いした覚えがあるのですが、結局、それって「間」なんですよね。

仲森　「間」ってこれがこう、と明確に定義できないものですけれど、例えば「余白」を取る

注3）　民芸運動は、柳宗悦が主導した芸術運動。1926年（大正15年）の「日本民藝美術館設立趣意書」発刊に始まり、今日まで続く。無名の職人たちの手によって作られた日用雑器の中に「用の美」を見出し、それを称賛した。柳は、その手本として収集した日本や朝鮮の工芸品を収蔵、公開する日本民藝館を設立したほか、陶芸家の濱田庄司、木工家の黒田辰秋、版画家の棟方志功をはじめとする作家を組織化し啓蒙するなど、独自の運動を展開した。

ようなことですか。

金城　そうですね。その「間」こそが日本文化の大事な部分だという気がしています。

前田　一瞬、立ち止まらせて、考えさせるんですよね。答えが表面には出ていなくて、奥に潜んでいるから。

仲森　前田もクルマのデザインで、同じようなものを意識しているって前に話してたよね？

前田　１００％のプロポーションをちょっとだけ崩す、ということは、意識的に行っている。１つのモデルで１００万台単位を生産する世界で、この「崩し」を入れるのは、正直、勇気がいるけれど、ちょっとだけバランスを崩したポイントを入れることで、見る人を「あれ？」と立ち止まらせられる。実は、タイムレスなカーデザインって、そういった「フック」があるケースが多いんですよ。

仲森　やっぱり何でもちょっと「隙」がある方が、愛情を込めやすい。

金城　そうですね。それを、どの程度入れるかが難しいですし、追求し出すと、きりがなくなってしまいますが。

仲森　おっしゃる通りで、バランスの取り方は、すごく難しいと思うんです。でも、日本の「美」には、その「間」や「隙」といったものが脈々と受け継がれてきている。テクノロジー的には、なんでもできちゃうような現代だからこそ、その美意識をどう込めていくかってところが「日本の作品」としてのクオリティーの決め手になるような気がします。

前田　そうだね。だからＡＩ（人工知能）がつくれるような「完璧な正解」だけのものはつく

（撮影：栗原克己）

りたくない。

仲森　それこそマツダの「匠モデラー」たちの手の動きが再現されたラインとか、人の心に響く「何か」があるものが、時代を築くし、後世に残るマスターピースとなる。そこはクルマでも工芸でも同じですね。

金城　その通りだと思います。

前田　こういうお話をさせていただくと、もう一度、コラボレーションをしていただきたいな、と思いますね。

金城　ぜひ。

仲森　高盛絵の内装とか？　天井に蜂[注4]がぶんぶん飛んでたりして（笑）。

前田　いや、クルマのデザインに直接的に取り入れるようなことは考えていないけれど、いろいろやり方はあると思うから、いろいろな可能性に挑戦していきたいなとは思っているよ。

注4）　蜂は歴代の一国斎が高盛絵の作品に好んで描いた代表的なモチーフ。

第9章

ちょっとアレはないわ

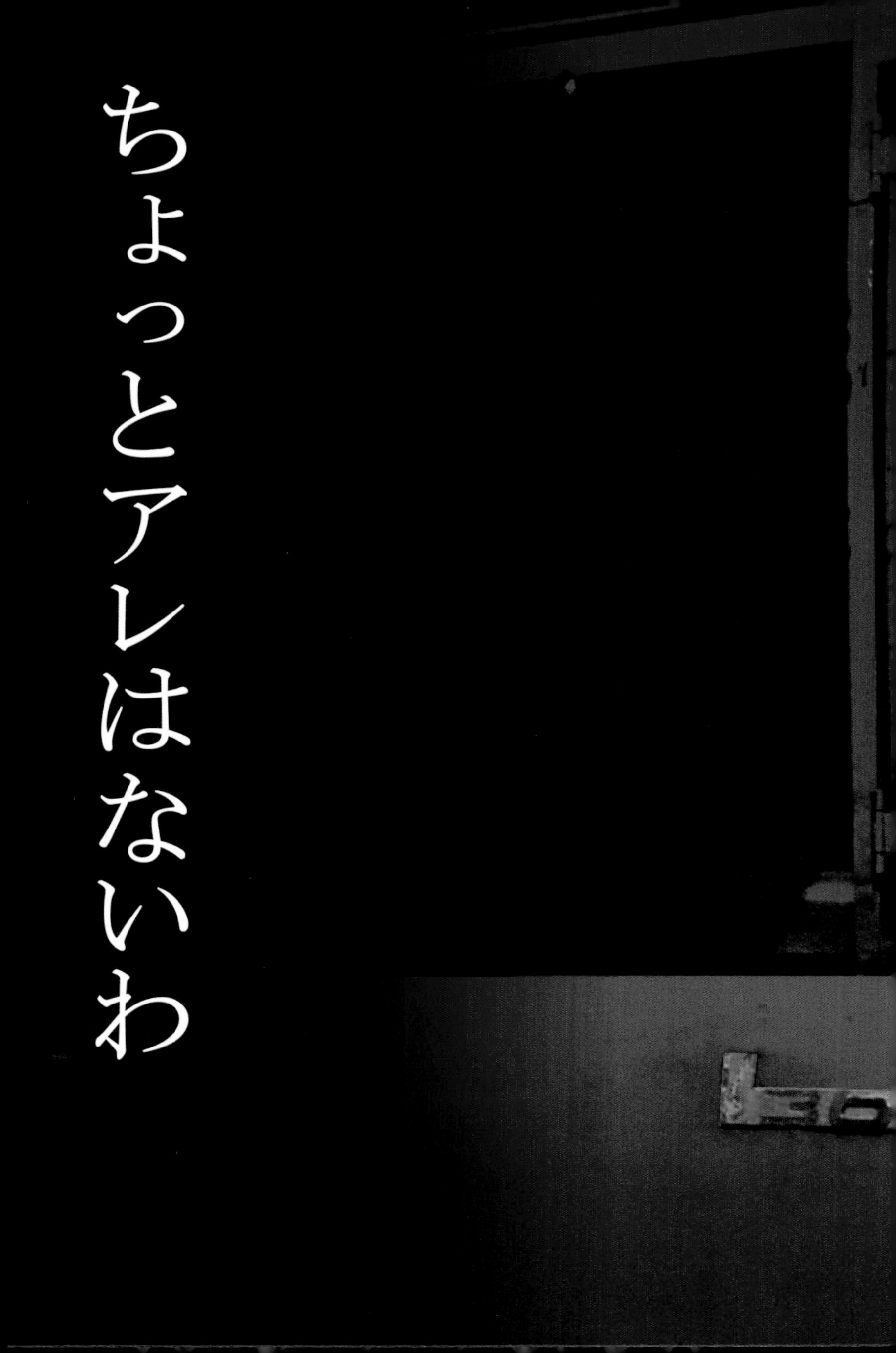

第9章 ちょっとアレはないわ

「これまで、いろいろなところで、いろいろな話をしたけど、ここで振り返ってみない」

ここは、マツダ広島本社の一角。デザインセンターのメンバーが手掛けた、「ご神体」と呼ばれる「デザインの素」が並ぶミステリアスなスペースで対談が始まった。

前田が「心に染みた」と回想するのは、京都の真葛窯で拝見した富岳三十六景にまつわる、「つくり手としての本音」。売れるものをつくることをミッションとして与えられた企業人としての立場と、美の追求を志向するつくり手としての思い。その相容れがたい2つの葛藤こそ、相克の一断面といえるだろう。

それを乗り越えた先に前田が思い描くマツダブランドの「究極の姿」。だが、そこに至る道はまだまだ長い。

それを暗示するかのように、話題は「思いと現実とのギャップ」へと向かう。

前田の熱い思いをくみつつ、「ちょっとアレはないわ」と仲森は言い放つ。

仲森　まずは「相克のイデア」というタイトルにふさわしい質問から。前田はこの連載で「純粋にクルマの美しさを追求した1台をつくりたい」と何度も言っていた。それは前田個人としての強い思いだと思うけど、でも同時に、企業人として「やるべきこと」と、個人として「やりたいこと」は必ずしも一致しないということもよくよく分かっているわけだよね。で、その折り合いは、どうやってつけていこうと思っているの？

前田　悩ましいよね。美しいだけではなく、ビジネス的にも整合性が取れているクルマをつくることが理想なんだけれど、それが簡単にできるほど人間は器用な生き物ではないし(笑)。

だから、様々なお話を聞いた中で、京都でお会いした真葛窯の宮川香齋さん真一さん父子の「本音の吐露」は、ひときわ心に染みた。海外からの要望に応える形で作った作品（六代宮川香齋作 染付交趾 飾大皿 葛飾北斎 富岳三十六景 神奈川沖浪裏）を見せていただいたときに、「これが、本当に自

（撮影：栗原克己）

分たちがやりたいことなのか」って打ち明けられたよね。あれにはグッときた。

仲森　「それ、分かる！」って叫んでいたもんね。まさに魂の叫びって感じで（笑）。

前田　アーティストとして自分が美しいと思うものを純粋に追求した作品が、海外で高い評価を受けて、ビジネスがよい方向に回る。それは確かに理想だけど、実際のところ、いきなりそうなるケースは稀《まれ》だと思う。「すごい」と言われるような作品の美しさは、必ず伝わる、海外の方にも絶対に分かってもらえると信じている。だけど、いきなり高い評価を受けられるとは限らない。それこそ認められるまで、市場と折り合いをつけながら作品

（撮影：栗原克己）

をつくり続けることになるわけだけど、どのように折り合いをつけるかは非常に難しい問題だね。市場を意識しすぎると当初の志と違う方向で評価を受けてしまうかもしれない。一度、違う形で評価を受けると、それを変えることは難しいし。

仲森　前田は、世界を相手にマツダのブランド・イメージを変えようとしているわけだけど、すでに日本のクルマっていうと、そこそこの価格帯で、出来がよくて、長持ちするっていう評価が海外では定着しているよね。しかも、すべての日本メーカーのイメージがそう。これはこれで、すごいことだとは思うんだけど、ちょっと寂しかったりもする。1台何千万円もするようなクルマをつくるメーカーが日本に1つくらいは出てきてほしいなぁと個人的には思うわけ。武蔵野美術大学 学長の長澤忠徳さんも「マツダはプレミアムカーをつくるべきだ」っておっしゃっていたけれど、そこの部分を前田には頑張ってほしいわけよ。

前田　確かに、プレミアムカーをプロデュースすることが、将来のマツダブランドの「究極の姿」だろうと思う。実際、マツダで何十年とクルマづくりに携わってきたけれど、マツダの社員って誰も彼も「自分たちの理想に限りなく迫ったクルマを出そう」と本気で考えている節があるし(笑)。そんな熱い思いを持った人たちが集まっているんだから、世の中からチャレンジしてみてもいいよと思ってもらえるようなブランドができたら、もうやるしかない。もちろん、そうなったら最大限の仕事をしようと思っているよ。

仲森　そういえば、国土交通省が出している『令和元年版 国土交通白書』にマツダの「魂動デザイン」のことが取り上げられたね。

（撮影：栗原克己）

前田　そうなんだよ。

仲森　すごいじゃん（笑）。ここにあるから読んでみようか。「『マツダデザイン』は、日本の美意識を直接的に表現するのではなく、コンセプトに取り入れ、『控えめでありながら豊かな美しさ』を表現することを追求している」。なんか、前田がいつも言っていることがそのまま書かれている感じ。前田をはじめとしたマツダの方々の取り組みが国に認められたわけだ。おちょくってるんじゃなくて、マジですごいと思うよ。

前田　はいはい、ありがとう（笑）。真面目な話、自分たちが挑戦し続けてきたことが、今後の日本企業のあり方の1つの指針になり得る、と国土交通省に取り上げてもらったわけだから、それはうれしいよ。半面、ますます努力しなければ、という気持ちにもなる。

仲森　ことデザインに関しては、前田にまかせておけば問題ないって思えるようになった（笑）。ただ、企業全体でカジを切るとか、ポリシーを組織全体に染み込ませるって簡単じゃないし、時間もかかる。一般の人たちにそれを分かってもらうのはもっと難しいし、時間もかかるよね。例えば、2019年5月に日本で発売した「MAZDA3」。前田があんまり自慢するものだから、ウチの近所にある販売店に見に行ったんだよ。確かに、美しいクルマだと思った。で、その時に説明してくれた販売店の人に「このクルマのセールスポイントは何ですか」って聞いたら、「安全性能です」って言うわけ。前田が狙ってるところとは、ちょっと違うよね。

前田　そうかぁ、もちろん安全性能には自信があるけど、うーん、そうかぁ。

仲森　ついでにもう1つ。ちょっとアレはないわって話。先日、都内にすごくカッコいいマツダの販売店ができたよね。そのオープン披露の記者発表会に参加したわけだけど、そのプレゼンテーションで、これからの重要テーマみたいな話があったわけ。その筆頭に出てきたのが「営業力強化」。周囲はどう思ったか知らないけど、ワシはコケた。前田の思いを知っているからね。だってそうでしょ、例えばルイ・ヴィトンが銀座に旗艦店をオープンするなんていう記者発表会があったとして、「この店でやりたいことは営業力強化」なんて言われたらコケるよね？

前田　今のマツダブランドの立ち位置からすると、

（撮影：栗原克己）

「営業力強化」を重要テーマとするのは当然だとは思う。ブランドの「様式」を確立するまでにはすごく時間がかかる。まだまだやるべきことがたくさんあるということだね。僕がデザイン部門のリーダーを任せられるようになって10年になるけれど、最初の3、4年は、クルマのデザインのレベルを上げることで精いっぱいだった。「ブランド」に目を向けるようになったのは、それが軌道に乗り始めたころから。それから、デザインとブランドスタイルを統括する組織を作り、デザイナーがブランディングに踏み込むようになった。このころから販売店のデザインにも関わってきた。やれることはやってきたつもりだけど、まだまだ。結局、最後は

人なんだよね。マツダのクルマに関わるすべての人に、ブランドの様式っていうのが染み込んでいかないと、企業の本当のブランドにはならない。それを成し遂げるには、相当の努力と時間が必要だと思う。

仲森　個人的に、ブランドに関して気になることがあるんだよ。

前田　聞かせてほしいな。

仲森　どうも日本の

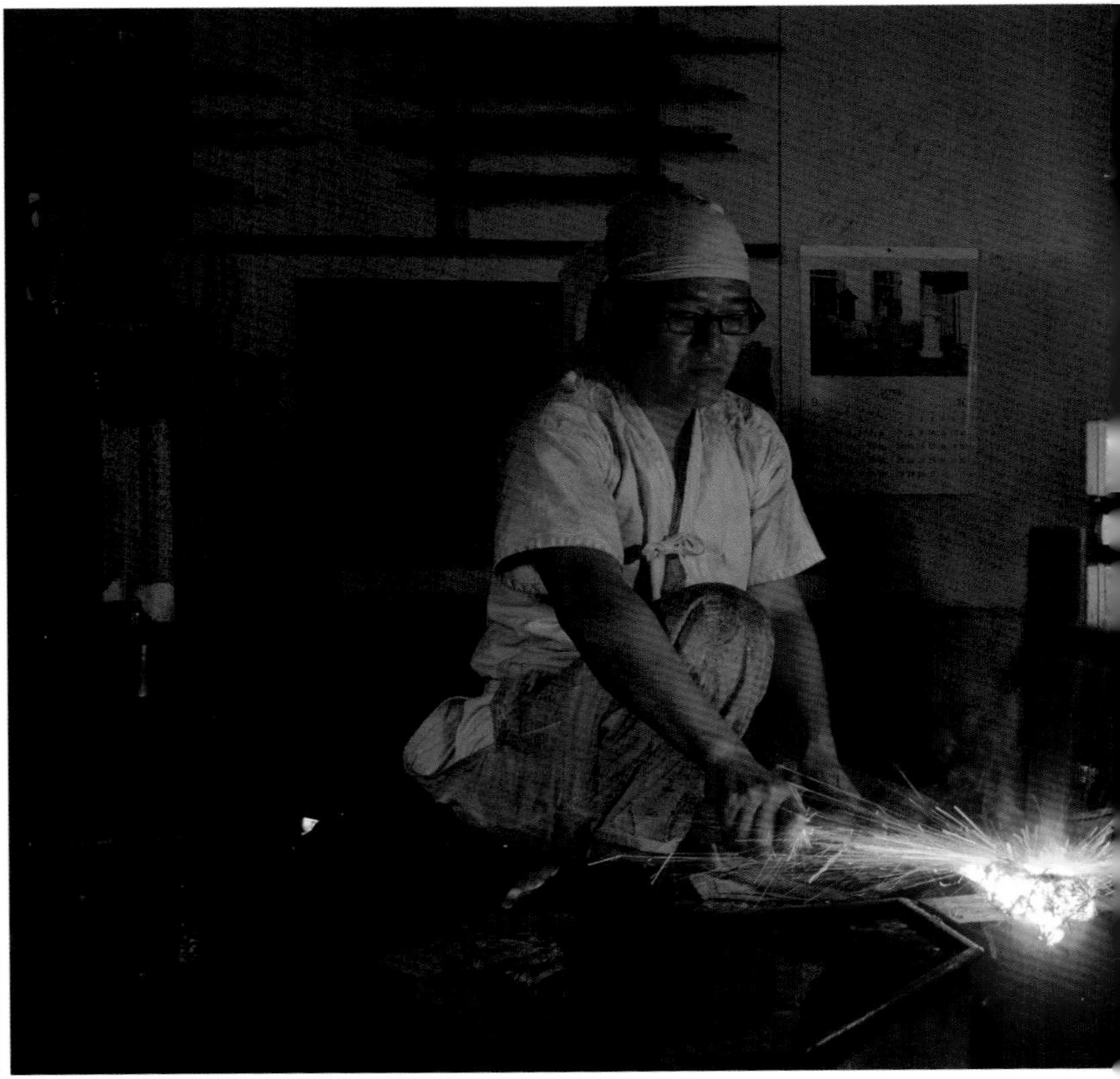

（撮影：栗原克己）

企業は、そうやって積み上げる長い時間、簡単にいえば伝統とか歴史とかを軽視しすぎなんじゃないかと思うんだ。たとえば、新たなブランドを立ち上げる時って、既存ブランドの上につくるでしょ？「角《かく》」の上に「オールド」、その上に「リザーブ」みたいに。日本の場合、高度経済成長期を経て、国民の生活水準が上がることで「もっと高級なもの」への需要が急拡大したという事情があるから、なんとなくそうやってしまうクセがついてしまったのかもしれない。でも、落ち着いて見返してみると、結果として一番上位にあるブランドの歴史が一番浅いという構造になってしまう。

（撮影：栗原克己）

前田　そうだよね。

仲森　ヨーロッパの企業のやり方とかを調べてみると、その逆というケースが多いんだ。新たにブランドを立ち上げるときは、メーンのブランドの下につくる。ディフュージョンライン（普及版）というやつだね。こうすると、一番上位にあるブランドが、もっとも歴史があるブランドということになる。

前田　仲森が言っているような「上に、上に」のブランド展開は、我々も過去にやっているからね注1)。あのときは、いくつものブランドをつくることで、逆にブランドの価値を下げてしまった。我々は、その苦い時代を経験しているからこそ、ブランドそのものの価値を上げていくしか、生き残る道がないことは、身に染みて分かっているつもり。

仲森　そういえば最近、中古車市場では「マツダのクルマは値段が下がらない」って聞いた。そうやって前田たちが、失敗をきちんと分析したうえで努力してきた結果、ブランドの価値が着実に上がってきたということなのかな。

前田　そうだとしたら、素直にうれしいな。かつては「マツダ地獄注2)」なんて言われ方もしたけれど、乗ってくださっている方々の見方が、少しは変わったのかもしれない。

仲森　じゃあここらで、エンブレム、変えたら?

前田　それ、前にも言ってたよな(笑)。

仲森　うん、言った(笑)。くどいかもしれないけど、もうＭＡＺＤＡの「Ｍ」をモチーフにしなくてもいいんじゃない。１００年の歴史がある会社なんだから、それが感じられるエンブレ

注1)　1989年からマツダの他にアンフィニ、ユーノスをはじめとする5系列の販売店を展開し、これがマツダのブランドのイメージに混乱を招いた。さらにバブル経済の崩壊もあって、販売台数が低下。96年にマツダは提携関係にあったフォードの傘下に入ることとなった。

注2)　かつてマツダ車は、下取り、買い取り額が他メーカーのクルマに比べて安かった。その結果、比較的高く買い取ってもらえるマツダディーラーに下取りしてもらい、値引き額の大きなマツダの新車を購入する、という連鎖になりがちだった。その状態を指した言葉。

（写真提供：Fiat Chrysler Automobiles N.V.）

ENZO FERRARI

ムにするのがいいと思うんだけど。

前田　仲森の提案は、分かるよ。でも、もし変えるとしても、今ある「M」をモチーフにしたエンブレムをベースにするだろうね。ちなみに、仲森が、いいと思うエンブレムは？

仲森　いろいろあるけど、例えばアルファロメオとか。赤十字と大蛇をあしらったデザインは、1910年から変わっていないんでしょ。歴史を感じさせるよね。

前田　まさに、彼らの「変えない」というスタンスは、見習うべきところだと思ってるんだ。そう思うと、例えば気に入らないからと我々がここで全く違うエンブレムにしてしまったら、また「ゼロ」から歴史を積んでいかなければならない。そうなると、ブランドの価値も低くなる。かつての苦い経験を無駄にしないためにも、エンブレムの基本デザインは変えられない。

仲森　なるほど。変えない勇気も大事ということか。それなら分かった。話してくれてありがとう(笑)。ところで、この連載の取材では、いろいろな方にお会いしたよね。最初にお会いしたのは、刀匠の髙見國一さん。

前田　日本刀の技術には以前から興味があったんだ。作刀の世界の奥深さに驚かされることばかりだった。大いに刺激を受けたね。

仲森　次は京都の古美術商てっさい堂の貴道俊行さんと、お母様の裕子さん。

前田　仲森みたいに古美術に明るいわけではないけれど、お二人の審美眼にかなった数々の名品に囲まれた空間にいるだけで、心地よかったな。一流の作品に込められた作者の思いや作品の背景などを丁寧に解説していただき、いい勉強になった。あと俊行さんのクルマ・マニアぶりには心底驚いた。

仲森 その後が、さっき話に出た武蔵野美術大学学長の長澤忠徳さん。それから真葛窯の宮川香齋さんと真一さん、金城一国斎さんだったね。皆さんと、いろんなことについて話をしたけど、実は気になる問題が1つ頭に残ってるんだよ。

前田 何？

（撮影：栗原克己）

仲森 「60年代を超えられない問題」。60年代のクルマが最高って言うクルマ好きが多いよねって話をしたときに、「カーデザイナーとして一番悩ましいのは、あの時代のクルマを超えられないこと」って言い切ったじゃない。あれには感動した。カーデザインの第一線にいる前田が、60年代に負けてるって素直に言えるって、本当に偉いと思った。

前田 なんか、ありがとう（笑）。

仲森 でも、結局のところ60年代のクルマが、今も多くの人を引きつけているのはなぜなんだろうっていう謎は、まだ解けていないような気がするんだよね。美しさとかだけではない何かが60年代のクルマにはあって、今のクルマには何かが足りない。その何かってなんだろう、みたいな。この問題は、もう少し追いかけてみたいテーマの1つだね。

前田　もちろんそう。マツダのこれからを考えていくうえでも、もっと深く追求してみなければならない課題だと思う。

（撮影：栗原克己）

付論

70年前の「相克」

インダストリアル・デザイナー、小杉二郎氏が手掛けたクルマの仕事

マツダ デザイン本部
ブランドスタイル統括部 主幹
田中秀昭

第2章に登場した「R360クーペ」。1960年5月にマツダ（当時の社名は東洋工業）が、自社にとって初の乗用車として市場に送り出したクルマである。本書の著者に「あのクルマにしかない個性やぬくもりを感じさせる」「ダメになったら墓を作る」と言わしめたように、見るだけで人の心を動かす不思議なチカラを放つクルマである。そのデザインを手掛けたのが、日本を代表するインダストリアル・デザイナーで、日本のインダストリアル・デザインの礎を築く重要な役割を果たした中の1人、小杉二郎氏である。ここでは、様々な「相克」に直面しながら、人の心を動かすデザインを実現した事例として、小杉二郎氏が手掛けたクルマの仕事について紹介したい。

自動車開発に新機軸

小杉氏は、1948年から約15年間にわたって、嘱託デザイナーとしてマツダ車のデザインを一手に引き受けていた。現在のデザイン本部の原点となる「機構造型課造型係」が開発部門

小杉二郎氏（写真提供：小杉茂）

の中に生まれる前、いわばマツダ・デザインの「前夜」を支えたデザイナーである。この期間に、R360クーペをはじめ、「K360」「キャロル」など、画期的で、しかも今も見る人の目を引く魅力的なスタイルのクルマをいくつもデザインしている。

1948年ごろといえば、まだ戦後の復興期。デザインを重視する考えは日本の社会にそれほど浸透していない時期である。自動車メーカーの開発においても、現在のようにクルマのスタイルを構築するプロセスが確立されていなかった。このような状況にあって、社外からデザインの専門家を招いたマツダの取り組みは、かなり大胆かつ先進的だったと言えるだろう。一方で、デザインの役割が明確でない環境下でデザイナーは、クルマ開発に関わる様々な部門との調整を余儀なくされていたはずだ。そこで様々な「相克」があったことは想像に難くない。小杉氏は、それをどのように超えていったのか。それを探るべく、まずマツダにおける小杉氏の仕事を振り返ってみる。

戦車で自動車の仕組みを学ぶ

小杉氏は、終戦直前に国立研究機関でインダストリアル・デザイナーとしての活動を始め1981年に亡くなるまでの間に、自動車、自動2輪車、自転車、工具、家庭用ミシン、家電製品、産業用機器、医療機器など、幅広い分野で製品のデザインを手掛けている。その一方で、1952年には本人を含む25名のメンバーで日本インダストリアルデザイナー協会(JIDA)を設立、インダストリアル・デザインの普及・振興にも取り組んだ。こうした小杉氏の活動におけるハイライトの1つが、マツダで手掛けた商用車や乗用車のデザインである。

その小杉氏は、横山大観と並び称される著名な日本画家、小杉放菴《こすぎほうあん》の次男として1915年に東京に生まれた。1933年に難関の東京美術学校(現東京芸術大学美術学部)工芸科図案部に入学。デザインについて学ぶ。

同校を4年で卒業したが、兵役のためにデザイナーとしての仕事ができるようになるまで、さらに数年を要した。入営中は中国東北部の戦車隊に所属し、戦車の整備や修理に従事していた。このときに多くのエンジニアリング・スキルを身に付けている。そのレベルは、「私は戦車から自動車を勉強した。だからデザイナーというより、むしろエンジニア」と小杉氏が語っているほどだ[1]。

1944年4月に除隊し、商工省工芸指導所 設計部門に就職。デザイナーとしてのスキルが生かせるようになったのはこのときからだ。商工省工芸指導所は、デザインによる工芸の産業化と輸出振興を目的に1928年に開設された国立研究機関で、インダストリアル・デザインに関する日本初の専門研究機関である。その後、1945年4月に再び招集を受け、そのまま終戦を迎えた。復員後の1945年に、商工省工芸指導所を退職。1947年に、先進的な活動で国内外の注目を集めていたドイツの美術学校バウハウスを日本に紹介し、日本大学芸術学部の基礎を築いたことなどで知られる山脇巌氏らと生産工芸研究所を立ち上げた。マツダと出会ったのは、この翌年の1948年のことである。

商用車にも「美」の要素

マツダとの仕事は、当時の主力商品だった商用車、3輪トラックのデザインから始まった。1950年代末にマツダが乗用車市場に進出することを決めてから乗用車のデザインも手掛ける。この間の小杉氏の仕事で注目すべきは、クルマをデザインするに当たって、クルマの設計や生産技術などエンジニアリングの領域まで踏み込んでいることだ。この背景には、デザインは美しさを追求するだけでなく、使いやすさや、作りやすさとの両立を図るべきという小杉氏の理念があった。

DA型三輪トラック(1931年発売)　マツダの第1号車（写真提供：マツダ）

マツダにおける小杉氏の最初の仕事は、3輪トラックの前部に取り付けるフロントカバーの開発である。当時の3輪トラックは、オートバイの後部にリヤカーを合体したような簡素な構造の乗り物だった。キャビンはおろか、フロントカバーすら装着されていない。このためドライバーは無防備に近い状態で運転していた。ところが性能の向上とともに、より高速で走行できるようになったことや、長距離を運転するドライバーが増えてきたことから、3輪トラックにおいても全天候性やドライバーに対する安全性が求められるようになった。こうした状況を受け、マツダでもフロントカバーの開発が始まったのである。

小杉氏の最初の作品を搭載したクルマは、1950年9月に発売された「CT／1200」。業界初の1トン積み3輪トラックだった。CT／1200はマツダが20年にわたって蓄積した研究開発の成果をふんだんに盛り込んだ意欲作で、その心臓部には、業界初の新技術を数多く投入して性能を高めた新開発V型2気筒1・2リッターエンジンが搭載された。CT／1200のために小杉氏が用意したのは、直線基調のスマートで美しいスタイルのカウル（風防）である。これをま

初めてフロントカバーを搭載した3輪トラック「CT/1200」（写真提供：マツダ）

とったたたずまいは、それまでの3輪トラックのイメージとは明らかに一線を画している。

軽さと作りやすさを第一に考えた小杉氏は、シンプルな平板で全体を構成した。その上で、それぞれの面が、前部中央に取り付けたヘッドライトに向かって集中する鋭角的かつ幾何学的な構成を採用している。さらに平板の強度アップのために側面のパネルに設けた平行して並ぶ直線状のビード（凹凸部）も、同じように前部中央に向けることで、シンプルで精悍な「モダンな機械の美」を表現した。

翌年の1951年にCT／1200は、全長を3・8mから4・8mに延ばして荷箱をさらに大型化し、積載能力を高めたロングボディのCTL型に進化する。フロントカバーのデザインはCT／1200のものを継承し、ドライバーの快適性を高めるために運転席に幌製の屋根を追加した。

荷箱を大型化して積載能力を高めた「CTL型」（写真提供：マツダ）

構造に踏み込んだデザイン

この後、1953年に車体の大型化に伴って3輪トラックは、その容姿を大きく変えることになる。最大のポイントはヘッドライトが2灯になったことだ。3輪トラックのヘッドライトは誕生以来1つだったが、1灯の場合、夜間に対向車のドライバーが2輪車と誤認することが少なくなかった。すると、「2輪車だと思っていた対向車が、すれ違う直前に3輪トラックだと分かって、あわててハンドルを切る」といった事態が起きる。その対策として、車幅が分かりやすい2灯に変更したのである。

2灯式になった「CTA型」（写真提供：マツダ）

この時に開発したCTL型の後継車「CTA型」のために、小杉氏は間隔を空けて取り付けた2つのライトを備えた、新しいフロントカバーをデザインした。このときにも、当時としては斬新な手法をいくつも採り入れている。例えば、まだ珍しかった曲面ガラスを採用し、サイドウインドーがフロントの曲面に沿うようにした。さらに、ボディーを伸びやかに見せる視覚効果を与えるために、フロントカバーから荷台にかけ、上側をマルーン、下側をグレーの2トーンに塗り分けた。

このフロントカバーは、1954年に発売した「CHTA型」にも受け継がれた。CHTA型は、エンジンの高性能化と荷台の大型化によって積載量を増やした車種である。さらに小杉氏は、翌年の1955年にマツダが発売した改良版CHTA型のために、「新型55年式」と呼ばれた新しいフロントカバーをデザインした。このときマツダは、この新型55年式フロントカバーを他の車種にも展開し、3輪トラック全車種のフロントカバーのデザインを統一している。このことが、「デザインを重視するマツダ」というイメージを市場に浸透させることになる。この55年式3輪トラックのデザインは、毎日新聞社が1955年に創設し、現在まで続いている「毎日産業デザイン賞」の栄えある第1回作品賞を受賞している。

新型55年式と呼ばれたフロントカバーが登場した背景には、前後の重量バランスを最適化しないと、カーブ走行時に転覆しやすくなるという3輪トラック特有の問題があった。従来のCTA型から最初のCHTA型までは、カウルと呼ばれるライトを取り付ける部分に、鋼材で組んだ骨組みに、外装となる鉄板を溶接で取り付ける重厚な構造を採用していた。ところが、この従来構造のまま2灯式にして重量が増えたときに、車体の大きいCHTA型でしか前後の重量バランスを最適化することができず、同構造のカウルを車体の短い他車種へ展開することが全くできなくなってしまった。

そこで小杉氏は、大型車種から小型車種まで展開でき

軽量化したフロントカバーを搭載した「55年式CHTA型」(写真提供:マツダ)

る軽量のフロントカバーを開発することにした。これが新型55年式である。このとき軽量化を実現するために航空機に採用されていた、外板自体で強度を確保する構造、いわゆるモノコック構造の技術を導入した。これによって骨組みの簡素化と鉄板の薄肉化を図り、大幅に重量を削減したのである。

1つのデザインを15年継承

ＣＨＴＡ型に続いて開発が始まった「ＨＢＲ型」では、丸型ハンドルを採用し、再びデザインを一新した。それまで3輪トラックのハンドルは、自動２輪車と同じようなバーハンドルだった。ところが、３輪トラックの積載量が１・5トン、２トンと増えるにつれ、ステアリング機構に直結しているバーハンドルを、通常の腕力で操作するのが難しくなってきた。そこで４輪車のように、ハンドル操作にかかる負荷を減らす機構を備え、誰でも安全に運転できる丸型ハンドルを採用することになった。ただ、そうするためには、クルマ全体の設計を一から見直さなければならない。機構系が全く異なるうえに、丸型ハンドルにするためのステアリング機構を搭載することで、３輪トラックの設計で重要なポイントである重量の配分が大幅に変わるからである。それに加え、従来の３輪トラックで一番欠けていた居住性を改善することも課題として課せられていた。

こうして生み出されたＨＢＲ型のデザインにおける大きな特徴は、航空機のように美しい流線形のフロントカバーである。この外観は市場で高い評価を受けたことから、３輪トラックが生産終了となった1974年まで発売された何台もの後継車種に受け継がれた。実に15年以上にわたって続いたことになる。

ただこのときも、前部の重量が問題になった[2]。快適性を高めるための装備が組み込まれたため、従来に比べて重量が増えるのは必至だった。そこで小杉氏は、フロントウインドーに曲面ガラスを使用することで、良好な視界を確保しながらガラスの面積を抑え、軽量化を実現した。さらに、サイドドア・ウインドーに下降式ではなくヒンジ式を採用し、外力に対する強度を確保したままフロントカバーの構造の合理化を図るといった対策を施し、さらなる軽量化を進めている。このためにフロントカバーをシャーシに固定するボルトの全てにゴムを挟んだ遊動式ボルトを採用し、フロントカバーに加わる曲げ、ねじれなどによって生じる力を逃がすなど、細かな工夫を採り入れた。

この開発において小杉氏は、「技術陣が大変な努力により獲得した重量軽減の成果を、工業デザイナーが平気で無にしてしまうことは、あまりにも甘

15年にわたって継承された流線形のフロントカバーを最初に搭載した「HBR型」
（写真提供：マツダ）

え過ぎである」と述べている[2]。小杉氏の理にかなったデザインへのこだわりが表れている言葉だ。

「形態の遊びはやるものではない」

そして1957年には、マツダにとって初めての4輪トラックの開発が始まる。キッカケは、1956年にトヨタ自動車が安価な小型4輪トラック「トヨタ・トヨエース」を発売したことだった。従来車よりも格段に安価だったことから、それまで小型トラック市場の8割を占めていた3輪トラックは一気にシェアを奪われ、1957年にはついに小型4輪トラックが3輪トラックのシェアを上回った。この事態を受け、マツダも4輪トラックの開発に着手することを決断する。こうして1958年に市場投入したマツダ初の4輪トラックが、1トン積みの「ロンパー」である。

マツダ初の4輪トラック「ロンパー」（写真提供：マツダ）

小杉氏は、それまでの3輪トラックのデザインで実績のある丸みを帯びたモノコック構造をさらに進化させ、フロントに向け絞られたキャビンと大きく張り出したオーバーフェンダーを備えるスポーティでモダンな外観にロンパーを仕上げた。今見ても新鮮に映る、先進的なデザインである。ちなみに車名のロンパーとは、腕白、やんちゃを意味し、「軽快に走るクルマ」の意が込めている[3]。そのイメージが見事に表現されているといえるだろう。

だが小杉氏は、ロンパーのデザインについて反省を込めたコメントを残している[4]。フロントグリル周りのプレス成型が難しく、最後まで生産部門を苦しめたからだ。この点に関して彼は、「形態が先に立って、作り勝手をおろそかにしたところなので、今さらながら技術の裏付けのない形態の遊びはやるものではないと痛感した」と語っている。

4輪トラック開発の後、小杉氏は軽3輪トラックの「K360」の開発に関わる。すでに3輪トラック市場が衰退期を迎えていた1959年に市場に登場したK360は、「ケサブロウ」の愛称で呼ばれ大ヒットした。このクルマは、1957年にダイハツが発売し、急速に販売台数を伸ばしていた軽3輪

軽3輪トラック「K360」（写真提供：マツダ）

トラック「ミゼット」に対抗するために開発したものだった。ところが当時の社長、松田恒治氏は、このころ新たに進出することに決めていた4輪乗用車市場の方に力を入れていたこともあり、他社製品の好調ぶりを「あれはフラフープのような一時の流行りもの」と切り捨て、K360を開発することを当初認めなかった。このため、技術者は工場の片隅で秘密裏に開発し、後から社長に製品化を認めさせたという。

K360のデザインは前述の事情から、現場の開発リーダーが社長に内緒で小杉氏に依頼した[5]。小杉氏は、開発メンバーが考案した「積載能力を割り切った3輪スクーターのようなクルマ」というコンセプトを重視し、かわいらしく、思わず使いたくなるような親しみのあるスタイルにしなくてはならないと考えた[4]。コンセプトに基づいてエンジンを中央部に置いて車高を低く抑えたシャーシを技術者たちが開発していたことから、小杉氏はそれを生かしながら車体を伸びやかに見せるための工夫をデザインの随所に盛り込んでいる。例えば、側面の外板下方に折れを与え前後方向にキャラクターラインを一本通し、さらに上下でツートーンに塗り分けることで荷箱とサイドドアとが一体に見える形にした。コンパクトで愛らしいスタイルやフロントの表情に加え、ピンクとアイボリーというモダンなボディカラーも相まってK360は大ヒットし、1960年だけで7万台を売った。当時としてはかなりの数字である。

小杉氏は、K360のデザインが高く評価されることに対し、「何といっても、内部機構がよかったということの一言につきる」「あのエンジン位置によってクルマのスタイルが生まれたと極言できるわけです」とエンジニアの成果をたたえている[4]。つまり、通常のトラックで

マツダ初の4輪乗用車「R360クーペ」　左は後期型。サイドウインドーの機構が変更されていたり、側面に装飾が追加されていたりするなど初期型と比べて細部が異なる。右が初期型。（写真提供：マツダ）

は荷箱の長さを最優先するため、エンジンは運転席の下にレイアウトすることが多く、必然的に背が高くなる。これに対してK360では、あえて荷箱を短くし、座席と荷箱の間にエンジンを置いて低重心化を図り、走行安定性を高めた。同時に視覚的な安定感を生みだすこともできた。

技術部門と一体となってスタイルを構築

K360を発売した後、いよいよマツダは4輪乗用車市場に参入する。このとき社長の松田恒治氏は、ピラミッドビジョンという販売戦略を掲げた。このネーミングは国民の所得分布がごく少数の富裕層からボリュームゾーンである一般大衆まで、ピラミッド構造になっていることに由来する。それを踏まえ、一番ボリュームの大きい、ピラミッドの底辺を支える一般大衆向けの安価な軽4輪乗用車から市場投入し、徐々に車格の高いクルマを増やしていこうと考えたのだ。その戦略の口火を切ったのがR360クーペである。

R360クーペを発売した当時は、所得水準の向上や、通産省が打ち出した国民車構想により、乗用車の購買意欲が国内で高まり始めた時期であった。だが大卒の初任給が1万3000円の時代に最も安い軽自動車でも40万円を超えていた[6]。乗用車は、まだ庶民の手には届きづらい存在だった。こうした中、「一般大衆にマイカーを」という創業者の松田重次郎の夢の実現を目指し、R360クーペの設計においては徹底的な合理化を図った。その努力によって、R360クーペの価格は30万円に抑えることができたのである。当時としては画期的な価格で、人々はみな驚いた。

それでいて、国産車で初めて本格採用されたトルクコンバータ、高価なマグネシウム合金を多用した軽自動車初の4サイクルエンジン、軽量化のための軽合金ボンネット／エンジンフードなど、当時のマツダが持てる最新技術が惜しみなく投入されていた。これに呼応するかのように、ボディーのデザインも斬新なものになった。当時ニューファミリーと呼ばれた両親と子供二人の4人家族をターゲットにデザインされたボディーは、コンパクトでありながら、1290㎜という国産車で最も低い車高を生かした、スタイリッシュなクーペフォルムを備えている。こうした数々の意欲的な取り組みが功を奏し、一時は軽乗用車の生産シェア64・8％に達するほど、R360クーペは売れに売れた。

このR360クーペは、小杉氏にとって初めてとなる4輪乗用車のデザインである。3輪トラックのデザインでは、主にドライバーが座る前方の居住部分のデザインが中心であった。ところが4輪乗用車となると、前から後ろまで、一台丸ごとがデザイン対象となる。造形やディテールだけでなく、これまで以上にエンジニアリングの領域にまで踏み込まなければならなくなったはずだ。それにもかかわらず設計から半年足らずで第一号車の生産にこぎつけている。デザインもほとんど途中変更することなく、量産車はほぼ原案通りである。このことは、技術陣と小杉氏が、いかに密接に協力し合っていたかを示している。

小杉氏は、R360クーペの企画の段階からマツダの技術陣と一緒になって、様々な課題解決に取り組んだ。エンジンレイアウトについては、限られた全長、排気量といった条件の中でデザインの自由度を高めるうえで有利な、リアエンジンリアドライブを採用した[7]。これは早期に決定したことだが、その後に設計チームの間で議論の焦点になったのは、後部座席の在り方だった。後部座席に成人が座れるようにすると、重量が重すぎて十分な走行性能を実現できない可能性があった。ボディデザインの制約が厳しくなるという問題もある。こうした機能・性能とデザインの両面から議論を重ねた結果、落ち着いたところが、大胆にも後部座席を子供2人のためと割り切ってスペースを抑えることだった。小杉氏は、こうした英断ともいえる割り切りの効果を生かして、斬新かつユニークなスタイルを考案した。その上でスタイルの美しさと、クルマとしての機能や性能の両立を図るための工夫を設計の随所に盛り込んだ。

例えば、ボディーに軽くて薄い鉄板を採用し、その上で強度を高めるために、サイドパネルのヘッドライトからテールランプに至る間をつなぐライン上に段差を設け、サイドパネルの剛性を高めた[4]。これは技術的な問題解決策であると同時に、横に1本の線を入れることによって2980㎜の短い全長を伸びやかに見せることに役立っている。後部ピラーはフロントピラーのように後傾させ、その後部ピラーの延長線上にドアの1辺をそろえている。こうすることでドアの面積を削減し、軽量化を図っているのである。この後部ピラーの傾斜は、見る人にクルマが前進している感じを与え、スポーティなイメージを高めるのにも寄与している。

丸型のヘッドライトの周りに取り付けられたベゼル（枠）も重要な工夫の1つだ。丸いライトを直接ボディーに取り付けようとすると、ライトの形状にボディーの形を合わせるために、ライトの取り付け部分の鋼板に、難しいプレス加工を施す必要がある。当然、コストはかさむ。そこで小杉氏は、ボディーの形を変えるのではなく丸型ライトの周りを囲むベゼルを用意し、ベゼルでヘッドライトの形状をボディーの形状に合わせるようにした。実は、このベゼルは、R360クーペの魅力を高める上でのキーポイントになっている。軽量化とコスト削減を重視したことから、R360クーペには装飾はほとんど施されていない。このため、ヘッドライトとヘッドライトの下に設けた丸型の方向指示器が際立って見える。しかも、雨垂れ型のベゼルによってヘッドライトが垂れ目に見え、愛らしい表情を醸し出している。

大胆な「クリフカット」を採用

R360クーペで乗用車市場に参入したマツダは、さらなる市場開拓に向け、すかさず本格的ファミリーカーの「キャロル」の開発に着手した。R360クーペで断念した、大人4人がしっかり座れる居住スペースの実現を目指して開発したクルマである。スタイル上の最大の課題は後席の頭上高さの確保である。小杉氏は、ここで大胆なスタイルを考案した。屋根の後ろ

リアウインドーの後方を真っ直ぐに断ち切る「クリフカット」を採り入れた「キャロル」（写真提供：マツダ）

を、真っ直ぐに切り落とす「クリフカット」である。

クリフカットを採用した理由について小杉氏は、「トップから後部にかけて、なめらかな曲線で結ぼうとすれば当然、前方の乗員の頭の位置辺りに不必要な高さを必要とします。そうして、もっとも必要である後席乗員の頭の位置において、室内の高さが不十分になりがちです」とコメントしている[4]。つまり、前席と後席の両方の頭上空間を十分に確保すると、車体の前方から後方に向かって斜めに下がる美しいルーフラインが描けないと小杉氏は考えたようだ。

同時に、ルーフ後部を断ち切ることで、生産性や居住スペースの快適性の向上など技術的な課題が解決できることも、クリフカットを採用した理由として挙げている[4]。具体的には、屋根や後部の加工が容易になること。後部に設けたエンジンルームの開口部を大きくできるので、修理点検の作業が容易になること。居住スペースに漏れてくるエンジンの騒音を低減できること、などである。リアウインドーが後傾しているため、雨がかかりにくく、雨天時の後方視界が確保できる。また、エンジンの熱を受けるのでリアウインドーが曇りにくく、ワイパーやリアデフロスターを後部に取り付けなくても済むなど設計上の利点もあった[9]。

この斬新なデザインは市場で高く評価され、1962年2月に発売されるや大ヒットとなった[3]。R360クーペと共にマツダの成長を支え、1963年3月にマツダは生産累計100万台を突破するに至った。前半の50万台を超えるのに最初の三輪トラック生産開始から29年4カ月を要したのに対し、後半の50万台は、わずか2年2カ月で達成した。小杉氏が開発に関わった、K360、R360クーペ、キャロルの3台が、いかにマツダの成長に寄与したかを物語っている。

「マツダ・デザイン」の始まりと「別れ」

だが1963年に発売されたキャロルの4ドアモデルを最後に、小杉氏はマツダ車の開発から遠ざかることになる。乗用車市場への進出を決めた1950年代末からマツダが取り組んできた、社内のデザイン部門の整備が進んだことが大きな理由だった。

マツダ初の社内デザイナーは1958年に入社した小林平治氏である。小杉氏が、自身のアシスタントとして母校である東京芸術大学に募集をかけて発掘した人材だ[1]。小林氏は、後に世界初のロータリーエンジンを搭載した市販スポーツカー、「コスモスポーツ」をデザインしている。翌年の1959年12月、部格となった設計部の中に、機構造型課造型係という小林氏を含めわずか5名のチームが生まれた。このチームは、当時ドアの開発部隊の一部で、デザイン・造形を専門に研究する役割を担っていた。このチームこそ、現在のマツダのデザイン本部の原点である。

当初1人だった社内デザイナーは、1962年までに8名に増えた。だが、経験が少ないメンバーが多かったため、このチームだけで乗用車をデザインするのは難しかったようだ[3]。このためマツダは、イタリアのデザイン会社、カロッツェリア・ベルトーネと乗用車のデザインに関する技術援助契約を締結する。若いデザイナーらに本場イタリアでのカーデザイン手法を吸収させようとしたのである。

若いデザイナーの成長は目覚ましく、1964年に発売された小型4輪乗用車「ファミリア800」の開発時には、ベルトーネのジウジアーロ氏、小杉氏、若手デザイナーのそれぞれのデザイン案があったが、結局は入社1年目の福田成徳（後の初代デザイン本部長、ロードスターの生みの親の1人）の案が採用されることになった[9、10、11]。

理想は「無意識の美」

こうして、約15年にわたるマツダにおける小杉氏の仕事を振り返ると、常に技術陣のこだわりや生産現場の制約などを尊重してきたことが分かる。そのうえで、インダストリアル・デザインの面から開発を支え、理にかなったデザインを追求していたのだろう。

小杉氏は、1967年12月15日の毎日新聞に寄稿した「意識と無意識の美」と題したコラムの中で、次のように書いている[4]。

「機械屋にとっては、美しく見せようという努力は無用どころか邪道であり、材料や、作ること、使うこと、あるいは機械の性能の向上に全能力をあげることだけでよいわけで、知らぬうちに美が発生するといううれしいことにもなります。ところで、私たちが日常使っている機械類は、せっかく無意識の美を身に付け得るにもかかわらず、多くのものは美しく見せようと意識の美で飾っているように思われます。機械を意識の美で飾るための努力には、必ず作りづらくなる、使いづらくなる、機械の性能が低下する等の悲しいお返しがつきものなのですが」。

小杉氏の傑作であるR360クーペは、「大衆の手に届くクルマをつくる」という創業者の夢に共感した技術陣と小杉氏が一体となって生み出したクルマである。高い目標を掲げ、コスト低減、軽量化、生産性向上に徹底的にこだわった結果として、R360クーペは必然的に生まれた「無意識の美」をまとうことになったのではないだろうか。それが見る人を動かす。これまでも、そしてこれからもずっと人々に「子供のような、友達のような、あのクルマにしかない、個性やぬくもりがある」という快い印象を与え続けていくのだろう。

参考文献

1）『ノスタルジックヒーロー』（芸文社）、Vol.38、1993年8月号。
2）『工芸ニュース』（丸善）、Vol.25、No.10、1957年10月。
3）東洋工業50年史編纂委員会、『東洋工業50年史』、1972年1月。
4）工芸財団、『わがインダストリアルデザイン　小杉二郎の人と作品』（丸善）、1983年4月20日。
5）中国新聞「わが日々」、2005年11月5日。
6）『完結昭和国勢総覧　第三巻』（東洋経済新報社）、1991年2月。
7）山本健一、「特別記事　マツダR360の設計」、『機械設計第四巻10号』（日刊工業新聞社）、1960年10月。
9）村尾時之助追想録編纂委員会、『村尾時之助追想録』、1985年5月31日。
10）石井誠、『人の想いをかたちに　カーデザインをささえた半生記』（ガリバープロダクツ）、2003年3月3日。
11）松田恒治、『合理性・人間味』（ダイヤモンド社）、1965年1月28日。

あとがき

仲森智博

まことに評判が悪い。書名のことである。伝え聞くところによると、関係者からは「意味がわからない」「売れる気がしない」と散々な言われようだったという。

その悪名高きタイトルはもともとオンラインメディアの『ものづくり未来図』で連載したコラムの名称であった。その連載を基にした本だから、それを流用した。だが本当のことを言えば、コラム名も他からの流用であった。

この連載企画を持ち掛けてきたのは三好敏氏である。彼とはかつて『日経エレクトロニクス』誌で共に働いた仲である。協力しないわけがない。概要を詰め、前田育男という最強の「相方」も決まり、1年半に及ぶ企画はスタートを切る。そこで持ち上がったのがコラム名問題であった。「企画書用に仮でいいから」との督促を受け、口を衝いて出てきたのが「相克のイデア」。実はこの少し前、第4章に登場する宮川真一氏の依頼で宮川家が主宰するお茶会のテーマ名を考えたのだが、それが「相克のイデア」だった。

いま、工芸や茶道に携わる方々は、極めて厳しい状況に置かれている。継承だけでは生き残れないのだ。宮川家も例外ではない。伝統と革新の間で葛藤し、身もだえしながら何とか未来への道筋を探ろうとされている。その姿を思い浮かべつつ、葛藤や相克の果てにこそ「あるべきかたち＝イデア」は見つけられるのだ、ということを表現したつもりである。

分野は全く違うけれど、同じテーマが今回の連載でも議論の核心になるに違いない。そう予感した。だからこのタイトルをそのまま流用した。安易かつ難解で、しかも不評ではあるけど、著者の1人として、この6文字に込めた思いは強い。

盛者必衰という言葉がある。技術・経営誌の編集者として、いやというほど目にしてきたことだ。工芸や茶道にも何度かの隆盛期があり、そして今がある。一方、自動車産業は、日本にあって随一の輸出産業であり、隆盛期の最中にあるといえるかもしれない。だが問題はこれからだ。この分野では「100年に1度」とも言われる大変化が起きようとしている。電動化や自動運転が直接的な引き金になるだろう。例えばそれは時計産業において、クオーツという技術が時計の価値体系を一変させ、業界に激震を与えたことに似ているかもしれない。時計と同じくクルマも、「道具」ではあるが「嗜好品」「趣味の対象」という側面を持ち、さらには「文化」と呼べるほどの練度を備えた存在であるからだ。

前田に、今回の企画を持ち掛けた理由の1つはそれである。すなわち彼が、嵐の前の自動車産業界に身を置き、デザインやブランドというクルマの「価値創造」の部分に深く関与するという極めて重要な立場に置かれているということだ。

もちろん、中学高校の同級生である前田となら、本音で話ができるということもあった。いや、このことが一番大きかったのかもしれない。対談などの企画が、儀礼的会話や公式見解の応酬に終始してしまう例は少なくない。それはそうだろう。初対面でいきなり腹を割った話などできるはずがない。だから、前田でなくてはならなかった。

さらに念を入れた。「長い交流があり遠慮なく話ができる」方々にゲストとして議論に参加していただいたのである。ただ私にとってはそうでも、前田にとってはゲストのほとんどの方が初対面。そこはしんどい思いをしただろうと申し訳なく思う。そんな苦情を挟みつつも、最後まで付き合ってもらい、悩みも喜びも決意も、本音で語ってくれた前田には心から感謝し、そして敬意を表したい。前から「すごいやつだ」とは思っていたが、それを再確認した1年半であった。そして、もっともっと「すごいやつ」になってもらいたいと、切に願っている。

快くゲスト役をお引き受けいただいた、宮川香齋、宮川真一、髙見國一、貴堂俊行、貴堂裕子、長澤忠徳、金城一国斎の各氏、そして髙見氏の鍛刀場で自身初の鎚打ちを披露してくれた小田道哉氏にも、改めてお礼を申し上げたい。

当然ながら、この企画を通じて常に行動を共にしていただいた、三好氏ほか取材チームすべての方にも深く感謝しなければならない。取材の調整に尽力いただいた町田晃氏、付論の執筆までお引き受けいただいた田中秀昭氏、原稿作成と編集を担当してくれた服部夏生氏、撮影をお願いした栗原克己、朝川昭史の両氏には、改めて、心からお礼を申し上げたい。動画制作をお願いした朝川は、実は前田、仲森と同じく中学高校の同級生である。折々に、番組制作のプロという立場から貴重な、本音のアドバイスをいただいた。

こうして、かけがえのない友人たちとすばらしいスタッフに囲まれて仕事ができたことは、私にとって大きなよろこびであった。ただ1つ、残念なこともある。当初、本書に前田と彼の御父上である又三郎氏の「父子鷹対談」を掲載する構想があった。だが、この新型コロナ騒動の影響で、それが果たせなくなったのである。前田又三郎氏は、かつてマツダでデザイン本部長を務められ、RX－7などの名車を手掛けられた伝説のデザイナーである。

私は、数年前に父を亡くした。その少し前、ふと父がこんなことを言った。「おれも長くない、今のうちに聞いておきたいことはないか」と。私は言下に「ない」と答え、寂しげな父を見て狼狽した。いやそうではない。「ない」というのは「何を弱気な、そんなことは長生きをして、ずっと先に聞いてくれ」という意味だったのだ。けれども、その気持ちはおそらく伝わらなかった。そして、いまでも後悔の念が私の中にある。

そんなことがあったものだから、前田には是非にと対談の実現を勧めた。本人もその気になっていた。なのに、それが叶わず、本当に残念でならない。

忘れものは、近いうちに必ず取りにいかねばと思っている。

2020年 立夏

本書は、日経BP 総合研究所が運営する情報サイト『ものづくり未来図』に掲載した連載コラム『相克のイデア』の記事に新規執筆分を加え、再編集したものである。

著者プロフィール

前田 育男（まえだ・いくお）

マツダ 常務執行役員 デザイン・ブランドスタイル担当

1959年生まれ。修道中学・高等学校、京都工芸繊維大学卒業。1982年にマツダに入社。横浜デザインスタジオ、北米デザインスタジオで先行デザイン開発、FORDデトロイトスタジオ駐在を経て、本社デザインスタジオで量産デザイン開発に従事。2009年にデザイン本部長に就任。デザインコンセプト「魂動」を軸に、商品開発、ショースタンドや販売店舗のデザインなど総合的に推進するプロジェクトをけん引した。2016年より現職。

仲森 智博（なかもり・ともひろ）

TSTJ 代表

早稲田大学研究院客員教授

1959年生まれ。修道中学・高等学校、早稲田大学理工学部卒業。1984年に沖電気工業入社、基盤技術研究所にて結晶成長などの研究に従事。1989年日経BP入社、日経メカニカル（現日経ものづくり）編集長、日経ビズテック編集長、日経BP未来研究所長などを務める。2019年より現職。「思索の副作用」（電子出版）、「自動運転」（共著）など著書多数。日本文化、伝統工芸の分野での仕事も多く、「技のココロ」（連載、共著）、「日本刀ー神が宿る武器」（共著）などの書籍、記事がある。

相克のイデア

マツダよ、これからどこへ行く

2020年6月8日　初版第1刷発行

著者	前田育男、仲森智博
発行者	林 哲史
発行	日経BP
発売	日経BPマーケティング
	〒105-8308　東京都港区虎ノ門4-3-12
企画	三好 敏
編集	服部夏生（常緑編集室）
寄稿	田中秀昭（マツダ）
撮影	栗原克己
アートディレクション	奥村靫正（TSTJ）
デザイン	出羽伸之、石井茄帆（TSTJ）
制作	福光雅代（アミティエ ）
画像制作	松田 剛、伊藤駿英（東京100ミリバールスタジオ）
動画制作	朝川昭史
取材協力	町田 晃（マツダ）
印刷・製本	図書印刷

本書籍に関するお問い合わせ、ご連絡は下記にて承ります。
https://nkbp.jp/booksQA

ISBN 978-4-296-10531-1